U0208830

问道自然：中华传统生态智慧

WENDAOZIRAN　　ZHONGHUACHUANTONGSHENGTAIZHIHUI

罗顺元　著

青海人民出版社

图书在版编目（CIP）数据

问道自然：中华传统生态智慧 / 罗顺元著 . -- 西宁 : 青海人民出版社 , 2023.10

ISBN 978-7-225-06595-3

Ⅰ . ①问… Ⅱ . ①罗… Ⅲ . ①生态文明—普及读物 Ⅳ . ① X24-49

中国国家版本馆 CIP 数据核字 (2023) 第 162823 号

问道自然：中华传统生态智慧

罗顺元　著

出 版 人　樊原成

出版发行　**青海人民出版社有限责任公司**
　　　　　西宁市五四西路 71 号　邮政编码：810023　电话：（0971）6143426（总编室）

发行热线　（0971）6143516/6137730

网　　址　http://www.qhrmcbs.com

印　　刷　青海西宁西盛印务有限责任公司

经　　销　新华书店

开　　本　890mm×1240mm　1/32

印　　张　8.375

字　　数　190 千

版　　次　2023 年 10 月第 1 版　2023 年 10 月第 1 次印刷

书　　号　ISBN 978-7-225-06595-3

定　　价　54.00 元

前 言

生态学 (ecology)，是一门研究生物与其生存环境以及生物与生物之间相互关系的科学。生态学一词源于希腊文 oikos，其意为"住所"或"栖息地" [1]。从字面意义上讲，生态学是关于居住环境的科学。生态学概念，最早由德国博物学家 E. 海克尔 (E.Haeckel) 于 1866 年在其所著《普通生物形态学》(Generelle Morphologie der Organismen) 一书中提出，认为生态学是研究生物在其生活过程中与环境的关系，尤其指动物有机体与其他动、植物之间的互惠或敌对关系。人与生态环境的关系，是生态学研究范围的内在组成部分之一。

中国有十分珍贵的传统生态智慧，它是当代生态文明建设的重要理论来源和历史参考。中华传统生态智慧源远流长且博大精深，是有机统一浑然一体的思想体系。不过，为了更方便地认识和了解中华传统生态智慧，我们可以将其划分为中华传统生态世界观、中华传统生态经济、中华传统生态科技、中华传统生态环境保护等方面。因为世界观是基础，有正确的生态世界观后才能指导和引领出生态经济实践，然后在社会实

---

[1] 李博 . 生态学 [M]. 北京 : 高等教育出版社 ,2000 : 3-9.

践中又产生了传统生态科技，产生了生态保护经验。本书正文总共由以下 5 个部分构成。

第一章，中华传统生态世界观。从道家和儒家两个方面分析和论述了中华传统生态世界观，尽管两家的表述有差异，但从本质上看都是要求人与自然和谐共存的生态世界观。

第二章，中华传统生态经济思想与绿色生活文化。首先分析和论述了在向自然界索取自然资源时的生态经济思想。即要遵循自然规律、适度取物、以时取物，要有物尽其用、节用御欲、长虑顾后的可持续发展思想。接着分析和论述传统社会的绿色生活和消费文化。在传统生态世界观的影响下，古人认为万物平等，人应当与自然和睦共处。而儒家则逐渐形成了"亲亲仁民爱物"的以人为本的和谐生态伦理观。在消费方面，中国传统社会一直都主张节俭、适度消费、量入为出，这为人与自然和谐发展打下了坚实的基础。

第三章，中华传统生态农业智慧。在这里我们首先分析了中华传统生态农业的总的指导思想"三才论"，即"顺天时、量地利、用人力"三者有机统一地在农业上的应用。然后论述了传统农业的生态施肥思想，比如物质循环利用、废弃物资源化、利用植物特性施绿肥等。再然后分析了传统生态农业如何利用种间种内关系提高农业生产率的做法，比如合理密植、轮作和间作套种、生物防虫等。最后总结归纳了中国传统生态农业的多种组建模式。

第四章，中华传统生态科技思想。本章从生态学的视角出发，分析和提炼中国传统社会积淀的生态学理论与知识。我们发现，中国传统社会在生物与非生物因素的关系、生物与生物因素的关系、生态系统思想等方面都有自己独到的见解。

第五章，中华传统生态环境保护智慧。本章主要对中国传统社会的生态环境保护进行概括和总结。我们发现中华传统世界观原生包含人与自然和谐发展的要求，也就是说我们祖先的世界观是生态型的世界观。生态世界观向传统社会的经济、政治、文化、社会等各个领域无声地全方位渗透融入，直接导致社会各方面都蕴含生态环保的要求。这里要特别指出，我国传统社会已经用法令制度来保护环境，在县以下的乡村是民众自己议定乡规民约来保护生态环境。

本书论证严谨、论据翔实、归纳得当、观点鲜明，有以下几个显著特点：

一是以习近平生态文明思想为指导，从习近平总书记提出的"生态文明建设六项原则"出发，追溯中华传统生态智慧。2018年5月18日习近平总书记在全国生态环境保护大会上作了题为《推动我国生态文明建设迈上新台阶》的讲话，明确提出生态文明建设必须坚持好六大原则：一是坚持人与自然和谐共生。二是绿水青山就是金山银山。三是良好生态环境是最普惠的民生福祉。四是山水林田湖草（沙）[1]是生命共同体。五是用最严格制度最严密法治保护生态环境。六是共谋全球生态文明建设。通过追溯研究发现，中华传统生态智慧与习近平生态文明思想有很多本质上相通的精髓和要义。或者换句话说，指导今天美丽中国建设的习近平生态文明思想有深厚的中华传统文化底蕴，它继承和发扬了中华优秀传统文化中的生态思想，具有浓浓的中国风格和民族特色，是马克思主义基本原理同中国具体实际相结合，同中华优秀传统文化相结

---

[1]现在的表述比如习近平总书记2022年10月16日在党的二十大上的报告用词已经是"山水林田湖草沙"，但2018年5月18日习近平总书记在全国生态环境保护大会上的讲话用词是"山水林田湖草"。

合的智慧结晶。

二是遵循历史唯物主义和辩证唯物主义原则，从实践的角度出发探寻真理。本书从中国传统社会生产和社会存在中挖掘中华传统生态智慧，从经济生产和古人的生活中提炼中国传统生态文化，这是应用马克思主义世界观和方法论做研究的具体体现。所以，在通读本书时，您将会看到实实在在的生态技术在传统农业生产中的应用，真真切切的生态学知识蕴藏在"日用而不觉"中。中华文明绚丽多彩、辉煌灿烂，是古代世界文明中心之一，仅从传统生态思想这个视角就可见一斑。我们今天讲中华民族伟大"复兴"而不是"兴起"，就是因为我们曾经辉煌过，只有曾经历史上辉煌过的民族才有资格谈复兴。我们每一个中国人都应当为中华文明的辉煌灿烂而自豪，这也是我们今天树立文化自信的历史底气和历史根基。

三是本书重在宣传和弘扬中华优秀传统文化，力求在保留传统古典韵味的基础上通俗易懂，所以对常见古文的引用没有详细标明出处，仅在文中用括号标明。

伟大的中华民族创造了五千年的灿烂文化，蕴于其中的中华传统生态智慧对今天生态文明建设和生态学的发展都有其独特的价值。谨以此书向伟大的中华民族致敬，向辉煌灿烂的中华文明致敬！新时代，大力继承和弘扬中华优秀传统文化，不忘吸收借鉴世界优秀文化，注重开拓创造发展社会主义新文化，我们就一定能实现中华民族伟大复兴，再次走进世界中心，再次屹立于世界舞台中央！

罗顺元

2023 年 2 月于桂林

目　录

第一章　中华传统生态世界观

中国是四大文明古国之一，源远流长，据学者研究，在"6000—8000 年以前中国人的生态学观念和生态学思想"就已产生 [1]。勤劳智慧的中国人民创造了光辉灿烂的古代文明，早在两千多年前春秋战国时期就演绎了繁荣的百家争鸣。在此后近两千年的封建社会里，一直到 17 世纪中期的明朝末年，中国的学术、科技、经济、社会等各方面都一直走在世界的前列。在漫长的辉煌历史里，中国传统思想中含有丰富的生态智慧，而这些生态思想闪耀着鲜明的特色主题——以追求"天人合一"（或"天、地、人合一"）为最终目标。道家和儒家给我国的传统社会提供了两种从描述上看有差别，但从本质上看又都要求人与自然界融为一体、和谐共生、共同繁荣的生态世界观。

第一节　"道"与生态世界观

从总体上看，中国本土传统文化的核心是以儒家为正统，以道家为补充构成的。在对世界本源的探讨中，道家提出了对后世有深远影响的

---

[1] 张正春,王勋陵,安黎哲.中国生态学 [M].兰州：兰州大学出版社,2003：5.

"道"，以及道统万物的生态整体论。道家创始人老子，姓李，名耳，字伯阳，又称老聃，春秋时期陈国苦县厉乡曲仁里人（今河南省鹿邑县太清宫镇），周朝守藏室史。老子与孔子（前551—前479）同时，长孔子20余岁。老子是世界百位历史名人之一，我国古代伟大的哲学家和思想家，世界文化名人。老子著有五千言八十一章的《老子》（又名《道德经》或《道德真经》）一书，该书和《易经》《论语》被认为是对中国人影响最深远的三部思想巨著。道家生态思想在今天依然价值重大，美国环境哲学家科利考特（J. Baird Callicott）将老子思想称为"传统的东亚深层生态学"[1]。

一、"道"是世界本源，生养天地万物

道是世界的本源。老子提出了"道"这个哲学概念，认为"道"先于天地而存在，为宇宙世界的本源，是天地万物之母，认为天地万物都是由"道"产生。《老子·二十五章》说："有物混成，先天地生，寂兮寥兮，独立而不改，周行而不殆，可以为天下母。吾不知其名，字之曰道，强为之名曰大。"有个东西浑然一体，在天地形成以前就存在；无声无形，独立长存而永不休止，循环运行不息；给它取个名字就是"道"。天地万物都是由"道"产生的，即"道生一，一生二，二生三，三生万物"（《老子·四十二章》）。道家学派的集大成者庄子对老子"道"的哲学思想进行了继承和发扬。跟老子一样，庄子也认为"道"是万物之源，道产生了万事万物。《庄子·大宗师》说："夫道有情、有信，无为、无形……生天生地。"《庄子·渔父》说："道者，万物之所由也。"《庄子·达生》又说："天地者，万物之父母也。"然而，真正的道是没有名字的，或者

---

[1]J. Baird Callicott. *Earth's insights : a multicultural survey of ecological ethics from the Mediterranean basin to the Australian outback*[M]. Berkeley and Los Angeles : University of California Press, 1994 : 67-86.

说是不可以用言语来表达的，"道可道，非常道；名可名，非常名"《老子·一章》）。可以用语言表达的道，就不是永恒的道；可以用文字表述的名就不是永恒的名，因此"道常无名"（《老子·三十二章》）。老子认为"道"与现实世界的任何事物都是不同的，它不是有具体形象的东西；没有形体，没有颜色，也没有声音；听不到，看不到也摸不到。不过，道虽恍惚深远但包含"象""物""精"；道虽空虚但作用却不穷尽，而且深渊好像万物之本宗，"道冲而用之或不盈，渊兮似万物之宗"（《老子·四章》）。

　　道生养天地万物。"道"不仅产生天地万物，同时也养育天地万物，世界上没有一件事不是它所为的，"道常无为，而无不为"（《老子·三十七章》）。道跟德是紧密不可分的，道的具体表现为德，"孔德之容惟道是从"（《老子·二十一章》）。当代著名学者陈鼓应先生说："'道'的显现与作用为'德'。"[1] 韩非在《韩非子·解老》篇说："道有积而德有功；德者，道之功也。"[2] 接着，老子用他的"道德理论"对万物的产生和发展过程作了论述，并且提出要"尊道而贵德"，"道生之，德畜之，物形之，势成之。是以万物莫不尊道而贵德"（《老子·五十一章》）。我国当代著名哲学家冯友兰先生对此作了精彩的分析，"老子认为，万物的形成和发展，有四个阶段。首先，万物都是由'道'所构成，依靠'道'才能生出来（'道生之'）。其次，生出来以后，万物各得到自己的本性，依靠自己的本性以维持自己的存在（'德畜之'）。有了自己的本性以后，再有一定的形体，才能成为物（'物形之'）。最后，物的形成和发展还要受周围环境的培养和限制（'势成之'）。在这些阶段中，'道'和'德'

---

[1]老子.老子今注今译[M].陈鼓应，注译.北京：商务印书馆,2003：156.

[2]韩非子.韩非子：注释本[M].任峻华，注释.北京：华夏出版社, 2000：93.

是基本的。没有'道'，万物无所从出；没有'德'，万物就没有了自己的本性；所以说，'万物莫不尊道而贵德'。"[1]

二、"道"统万物的生态整体论

道无处不在，统摄万物。"道"是无所不在，无处不存的，万事万物都有"道"寓于其中。《庄子·知北游》记载了庄子与东郭子这样的对话：

东郭子问庄子："你所说的道，到底在哪里？"

庄子说："无所不在。"

东郭子说："必须指出具体的地方才行。"

庄子说："在蝼蛄蚂蚁之中。"

问："怎么这么卑下啊？"

答："在稊稗里。"

问："怎么更卑下啦？"

答："在砖头瓦片中。"

问："动物降到植物，植物降到无生物，怎么越来越卑下？"

答："在屎尿中。"

东郭子觉得恶心，不说话了。

庄子说："先生所问的，本来就没有涉及到本质。司正、司获来向监督市场的人请教脚踩大猪以探肥瘦的方法，得到的答案是愈往下踩就愈能说明肥瘦。所以说你不必指定道在何处，道是不会离开具体的事物的。最高的道是这样，最伟大的言论也是如此。'周''遍''咸'三者，

[1] 冯友兰.三松堂全集：第七卷[M].郑州：河南人民出版社,1989：278.

名称虽然不同，但实质都是'全'的意思，所指都一样。"

这些充分说明了庄子哲学中的"道"寓于万物之中，且与万事万物并存。

"道"存在于万事万物中，同时统摄万物，而且它对万事万物的统摄作用是均匀平等的。《庄子·天地》说，天地虽然很大，但他们的运动变化却是均衡的；《庄子·则阳》则直接指出，世间万事万物虽然千差万别，道理各不相同，但是"道"对待他们却毫无偏私。《庄子·秋水》总结道，从"道"的角度看自然万物是没有高低贵贱之分的，大家都是平等的。所以，"道"对于世间万物，无论大小贵贱一律包容，"道"可以聚合，也可以离散。从"道"的角度看，世间所有的大小、美丑，以及各种千奇百怪的事物都是可以贯通一体的；万事万物的生成和毁灭，用大道统一整体的眼光看，都是相通为一的。

"道"无始无终，"道"生养万物是一个无限时间的循环过程；在"道"的统摄下，万物自生自灭。而且，万事万物的生生灭灭都是因"道"而起，万事万物也是因"道"而互相转化。因此，从"道"的角度看，宇宙世间所有的事物都是一个有机的整体，万物皆出于"道"，因"道"而产生、生长、运转、转化、消亡，循环反复、无始无终。即所谓，"以道观之"，则"万物齐一"。《庄子·齐物论》说："天地，一指也；万物，一马也。"天地虽大，但就像一个指头一样是一个整体；万物虽多，但就像一匹马一样，是一个整体。庄子所谓的事物之间的转化，具有今天生态学上物质循环的意味儿。《庄子·知北游》说道，生是死的连续，死是生的开始，谁知道其中的规律！……万物是一体的，这是把所称美的视为神奇，把所厌恶的视为臭腐；臭腐又化为神奇，神奇又化为臭腐。如果从相同的角度看，万物都是一体的。这天下，就是万物共同生存的整体。我们今天讲，人与自然是生命共同体，整个世界既是生命共同体也是命运共同体，万物既来源自然，最终又都将回归于自然。《庄子·至乐》就讲了一个万物同种的故事，其内容与生态学上的万物起源和进化的假设与推演类似。《庄子·至乐》说，物种中有一种极微小的生物叫几，它得到水以后就变成断续如丝的继草，在水和土的交界地即变成青苔，生长在高地就变成车前草，车前草得到粪土以后就变成乌足草，乌足草的根变为蝎子，它的叶子变成蝴蝶。蝴蝶一会儿就化为虫，生在火灶底下，性状好像蜕皮了似的，它的名字叫鸲掇。鸲掇虫过了一千日以后就变成鸟，名叫干余骨。干余骨的唾沫变成斯弥，斯弥变成蠛蠓。颐辂虫生于蠛蠓；黄軦生于九猷虫；瞀芮虫生于萤火虫。羊奚草和不箰久竹结合就生出青宁虫；青宁虫生出赤虫，赤虫生出马，马生出人，人又复归于自然。万物都从自然中出来，又回归于自然。

三、依"道"行事，顺应自然

在道家看来"道"是宇宙世界的本源，产生和养育天地万物。老子要求人们按照"道"来行事。"道常无为，而无不为，侯王若能守之，万物将自化"（《老子·三十七章》），道永远是自然无为的，然而没有一件事不是它所为；王侯若能持守它，万物就会自生自长。大道荫庇保护自然万物，有的人，顺应"道"，对他们来说，"道"就是真正能够带给他们益处的"宝用之物"；有的人，不顺应"道"，对他们来说，"道"是他们所占有的但并不懂得如何合理使用的"保有之物"。在《老子·三十九章》老子叙述了道对天地万物的重要性，得道是天地万物存在和生存的基础，失道或离道，天地万物和统治者都不能存在下去。道对于天地万物（当然也包括我们人类）是如此重要和不可或缺，所以我们人类应该"得道"，应该依道行事。老子在《十六章》又一次强调，回归本原是永恒的规律，认识永恒的规律叫作明；不认识永恒的规律，轻举妄动就会招致凶祸；反过来，如果知道常道并且依道行事，就会终身没有危殆。

人应当依道行事，但是人又是有别于其他事物的，老子把人类当作宇宙中的"四大"之一，突出表示人的卓越性地位，"故道大，天大，地大，人亦大。域中有四大，而人居其一焉。人法地，地法天，天法道，道法自然"[1]（《老子·二十五章》）。"法"即效法，人效法地，地效法天，天效法道，而"道"呢，则是自然而然；从这里的层层效法关系，我们可以看出，人最终要效法的就是"道"。老子在《道德经》里叙述了很多"道"的特征和内涵，而所有这些都是人们依照和效法的对象。《道德经》是智者的哲学，通篇都是老子参悟到的"道"，以及由此而人们应该效法的内容。例如，道的一个重要特征和内涵是"道常无为而无不为"，在《五十一章》老子对道的这个特性作了细分：道之所以受尊敬，德之所以被珍贵，就在于它不去干涉而顺任自然。所以道产生万物，德畜养万物，使万物产生、发育、成长、成熟，并且抚养、庇护万物。生育了万物却不占有，缔造了万物却不支配，长养万物却不为主宰，这就是最深的德。道生长万物，养育万物，使万物各得所需，各适其性，但是道却并不主宰他们，不为其主，这就是道的"无为而无不为"的特性。正因为"道"是"无

---

[1] 老子 . 老子今注今译 [M]. 陈鼓应，注译 . 北京：商务印书馆，2003：169."人亦大。域中有四大，而人居其一焉"居中的"人"字王弼本作"王"字，傅奕本、范应元本"王"均作"人"。陈鼓应说："通行本误为'王'，原因不外如奚侗所说的：'古之尊君者妄改之'；或如吴承志所说的'人'古文作'三'，使读者误为'王'。况且，'域中有四大，而人居其一焉。'后文接下去就是'人法地，地法天，天法道'，从上下文的脉络看，'王'字均当改正为'人'，以与下文'人法地'相贯。"引文同上，页码172。

为而无不为"的，所以老子也要求人们顺其自然，效法"道"，采取"无为而治"。

天人关系是我国古代传统文化中的一个重要哲学命题，道家关于天人关系的探讨主要是侧重人和自然之间的关系。汉语中的"自然"一词最早就源于老子的《道德经》，"人法地，地法天，天法道，道法自然"（《老子·二十五章》），以及"功成事遂，百姓皆谓我自然"（《老子·十七章》），等。道家的天是无意识的自然之天，"天法道，道法自然"，天效法道，而道自己本身是自然而然的，因此，天就是自然而然的。庄子的"天"与老子的"天"的含义是一致的，"天"就是天然的、自然而然的，未经过人加工改造的。反之，经过人加工改造的就不是天然的，是人工的，即庄子所说的"是谓人"。庄子曾说："无为为之之谓天。"（《庄子·天地》）

"道"产生天地后，天地又产生了包括人类在内的自然万物，"天地者，万物之父母也"（《庄子·达生》）。人与天地、与自然万物是一体的。没有任何一个开始不同时就是终结的，人与天是一体的。之所以说人与天是一样的，是因为人的存在是天然的表现，天的存在也是天然的表现；人不能支配天，这是本质属性决定的。只有圣人才能安然地顺着自然的变化而变化。人类是天地万物这个有机整体中的一部分，与天地万物相比，就好像大山中的小石头、小树木；也好像马身体上众多毫末中的一根。万物都是互相蕴含转化的，不管怎么样，他们都是一个统一的整体。天与人是合一的，不管人喜好或不喜好，都是合一的；也不管人认为合一或不合一，它们都是合一的。认为合一的就和自然同类，认为不合一的就和人同类。道家老庄学派从"道"出发，以自己独特的哲学理论演绎推导出了要求人与自然和谐发展的"天人合一"思想。

人是天地万物这个有机整体中的一部分，而且人和天地万物是一体的，因此庄子要求人们遵循自然规律，顺应自然，要自然而然。庄子强调要以自然的方式来融合到自然，"不开人之天，而开天之天"（《庄子·达生》）。不要用自己的想法去损伤大道，不要用人的作为去帮助天；人与天不是互相对立的。人类要顺应自然、做到自然无为，还因为天下的万事万物都有自己的"常然"，人若是有所为地去改变，反而会损害事物的自然之本性。万物有"常"，都依循自己的客观规律生长变化，没有人的干预他们才能正常运转，即所谓"天不产而万物化，地不长而万物育，帝王无为而天下功"（《庄子·天道》）。庄子用类比的手法论述了万物都有自己的具体天然属性，都适合于相应的生态环境，在适宜的环境下则能发挥自己的一技之长，反之则不能适应生活。万物的自然属性和他自身所适宜的环境都是他们的"常然"，一旦这个"常然"遭到破坏，万物自身就会被伤害，甚至导致死亡。《庄子·至乐》说："鱼处水而生，人处水而死。"

人去改变自然事物的"常然"，当然也会对相应的事物产生不好的后果。庄子在《至乐》篇用了这样一个也许是真实的寓言故事进行说明：

用人间上等的居住、饮食、享受条件去养鸟，鸟反而不吃不喝三日而死，那是因为鸟与人的自然属性是不一样的，所需求的也是不一样的。因此，庄子主张应当以自然而然的方式即"以鸟养养鸟"，"夫以鸟养养鸟者，宜栖之深林，游之坛陆，浮之江湖，食之鳅鲦，随行列而止，委蛇而处"（《庄子·至乐》）。

庄子对于那些不顺应自然、按照自己的主观意识任意改变自然物的天然本性是持反对态度的。庄子在《马蹄》篇就批评了那些所谓的"慧眼识英才"，其实却是改变马的本性，损害马的"伯乐"。所以，庄子主张的是顺应自然，即"循天之理"（《庄子·刻意》），"顺之以天理……应之以自然"（《庄子·天运》）。让一切事物按照其自然的本性去存在生长，人不能对此进行胡乱的治理干扰。要顺应自然，不要违反自然规律并胡作非为。如果人类能够做到自然无为，顺应自然，按照客观规律办事，那么天下就会大定，人与自然就能和谐相处，共同繁荣发展。

关于老庄所主张的顺应自然和自然无为，英国著名科技史家李约瑟博士作了这样的评述，笔者认为是非常中肯的，李约瑟说："就早期原始科学的道家哲学家而言，'无为'的意思就是'不做违反自然的活动'（refraining from activity contrary to Nature），亦即不固执地要违反事物的本性，不强使物质材料完成它们所不适合的功能。"[1]

第二节 "天人合一"生态世界观在先秦的初步提出

从中国传统社会的正统即儒家的视角来看，天是世界的本源，包括人在内的世间万物都是由天所生。而且天是仿照自己的模样创造了人类，所以就有了"天人相类"，人类一产生就肩负有辅佐天地管理万物，使人与世界万物共同繁荣发展的职责。"天人合一"是中国传统社会一直以来的最高追求目标。我国是几千年的传统农业古国，"天人合一"生态世界观来源于农业生产实践，升华为传统社会的主流世界观和意识形态，融入和影响社会的各个领域，当然也反过来影响和推动传统农业向生态化方向发展。"天人合一"生态世界观在先秦时期就已经基本形成。

---

[1] 李约瑟. 中国科学技术史：第二卷：科学思想史 [M]. 北京：科学出版社, 1990：76.

一、"天人合一"生态世界观来源于农业生产实践

追求"天人合一"，追求天地人和谐发展的生态思想来源于农业生产实践。中国是一个历史悠久的典型传统农业古国，"具有上万年的农业发展史"[1]，农业是中国文化的根基。勤劳智慧的中国人民，在长期的劳作耕耘过程中创造了独具自己民族特色的生态世界观，即"三才论"，强调顺天时、量地利、重人力，要求"天、地、人"三者有机整体统一地和谐发展。"天"指天气、自然规律等，"时"指时间性、季节等；"地利"本指农业生产中的田地、土壤等有利于农作物种植的条件；"人力"本指在田里干活的劳动力。春秋战国时期的《吕氏春秋·审时》第一次完整地提出了"三才论"思想："夫稼，为之者人也，生之者地也，养之者天也。"这句话原本是用于农业生产的，是说地里的庄稼要靠人耕种，要靠天地生养才能存活；因此人与自然必须和谐统一。天与人和谐统一的思想产生于农业生产领域，接着它又深深地影响了中国的农业生产，"三才论"成为了中国传统农业一直以来的指导思想，传统农书都以"三才论"为基本纲领。西汉的《氾胜之书》强调要"得时之和，适地之宜"，就算田地不够肥沃，但如果能得天时地利，作物的收成也会不差。北魏贾思勰强调种田必须要"顺天时，量地利"（《齐民要术·种谷第三》），照此做就可以事半功倍；反之就会事倍功半。南宋陈旉在他的《农书》里也强调，"农事必知天地时宜"，然后才可以让农业生产顺利，实现五谷丰登、六畜兴旺。元代的《王祯农书》同样强调要顺应天时，要在最恰当和准确的时令种植农作物，既不能"先时"也不能"后时"，否则就会影响收成；同时农作物还讲究"分地之利"，要为农作物选择适合其生长繁殖的土壤

---

[1] 闵宗殿，纪曙春．中国农业文明史话 [M]．北京：中国广播电视出版社，1991：编者的话 1.

和气候环境条件。到明清时期，古人更是把这种要求"天、地、人"有机统一的"三才论"生态系统思想发展到顶峰，这我们可以从明清时期的代表性农书如《农政全书》《补农书》《知本提纲》等中明显地看出来。贯穿于中国整个传统农业的"三才论"思想，总的来讲就是要求人们在遵循自然规律的前提下，积极发挥人对农业的主动管理调控作用；自然规律必须遵循，但仅遵循自然规律还不够，人也必须积极干预，农业生产才能良好发展。这样，在人与自然界打交道的最重要领域（农业）里就形成了要求人与自然和谐共生、人与自然和谐发展的观念；即人与自然不是对立的，人必须要依赖生态环境才能存活，人与自然是相互依存、共同繁荣的关系。对于中国传统社会要求人与自然和谐共生、人与自然和谐发展的世界观，明末著名科学家宋应星做了很好的解释："生人不能久生，而五谷生之。五谷不能自生，而生人生之。"（《天工开物·乃粒第一》）即人与五谷是互相依存的，你中有我，我中有你，谁也离不开谁。人靠五谷而活，五谷靠人的栽培和能生长五谷的自然环境而活，间接地，人靠生态环境而生活。可见，中国的传统生态思想不是要征服自然，而是要与自然和谐共生，共同发展，共同繁荣。

　　要求"天、地、人"和谐发展的传统生态思想，即强调"天人合一"或"天、地、人合一"的有机自然观，来源于我国的传统农业生产实践，从传统"三才论"农学思想演变而来，然后逐渐推广到经济、政治、思想、文化甚至军事等各个领域。我国著名科学家卢嘉锡在他的《中国科学技术史·农学卷》中说道："作为这种有机统一自然观的集中体现的'三才论'理论，是在农业生产中孕育出来，并形成一种理论框架，推广应用到政治、经济、思想、文化的各个领域中去。历史上，中国传统农业和传统农学对中国传统文化发生深刻而广泛的影响，'三才论'理论及其所代表的有机统一的自然观，就是最重要的表现。"[1] 学者李根蟠在他的文章《"天人合一"与"三才"理论》中也说道："'三才论'理论的确是在长期农业生产的基础上形成的。……'三才论'理论把天地人作为宇宙间并列的三大要素，又把它们联接为一个整体。……'三才论'理论作为一种分析框架，它又被推广到农业以外的经济、政治、军事、文化等领域……'三才'理论对中国古代思想界的各个学派产生广泛而深刻的影响，它渗透到各个学派的学说之中。"[2]

二、"知天畏命"，敬畏遵从自然界的客观规律

儒家的"天"自孔子起就有"义理之天"和"自然之天"等多种含义，在处理人与自然关系时，"天"为自然之天。《论语·阳货》记载："子曰：天何言哉？四时行焉，百物生焉，天何言哉？"这里的"天"是自然宇宙间的客观规律和客观必然性，是自然之天。自然界的客观规律是无法改变的，是不以人的意志为转移的；对于这样的规律，孔子主张"知"和"畏"。即先去认识、了解和掌握自然界的客观规律，"不怨天，不尤人，下学而上达，知我者其天乎？"（《论语·宪问》）；又"不知命，无以为君子"（《论语·尧曰》）。接着在掌握规律后，就要遵从客观规律，按规律办事，即要"知天畏命"。《论语·季氏》："君子有三畏：畏天命，畏大人，畏圣人之言。"孔子认为不按客观规律办事的后果将是灾难性的，"获罪于天，无所祷也"（《论语·八佾》）。不过，孔子并不是一味地主张顺从客观规律，而是把"天""地""人"三者相提并论，强调人的主

[1]卢嘉锡,董恺忱,范楚玉.中国科学技术史：农学卷[M].北京：科学出版社,2000：163.
[2]李根蟠."天人合一"与"三才"理论：为什么要讨论中国经济史上的"天人关系"[J].中国经济史研究,2000（3）：3-13.

观能动性，"子曰：有天德、有地德、有人德，此谓三德也。三德率行，乃有阴阳"（《大戴礼记·四代》）。

孟子对"天"的解释跟孔子是一脉相承的，有道德之天、义理之天、自然之天等多种，在涉及人与自然关系时为自然之天、自然界的各种客观规律等。孟子说："天油然作云，沛然下雨，则苗浡然兴之矣。"（《孟子·梁惠王上》）显然，这里的"天"是自然之天。孟子认为客观规律即天意是不以人的意志为转移的，具有不可抗拒性，"莫之为而为者，天也；莫之致而至者，命也"（《孟子·万章上》）。而且，客观规律是不能违背的，否则就有系乎存亡的严重后果，"顺天者存，逆天者亡"（《孟子·离娄上》）。《孟子》还记叙了一个著名的、违背自然规律而揠苗助长却反而坏事的故事：有个宋国人担心自己的禾苗长不快，就去将禾苗一棵棵拔高。他疲惫不堪地回到家，对家里人说："今天累坏了！我帮助禾苗长高啦！"他儿子赶忙到地里去看，禾苗都已枯槁了。其实，天下人不犯这种拔苗助长错误的是很少的。认为养护庄稼没有用处而不去管它们的，是只种庄稼不除草的懒汉；违背自然规律去帮助庄稼生长的，就是这种拔苗助长的人。这种助长，非但没有益处，反而害了它。

客观规律是如此重要，了解和掌握它们也便成了一种必然要求。世界上的事物千差万别，这是客观情景，"物之不齐，物之情也"（《孟子·滕文公上》）。孟子要求人们通过"思诚、尽心、知性"，以便能够"知天"，然后达到"与天地同流"的目的。诚是大自然的规律，追求诚是做人的规律。在"天人同诚"的基础上，通过"尽心、知性"然后"知天"。"知天"之后就要遵循天道，即遵循自然规律；用孟子的话讲就是达到"天人合一""与天地同流"的圣人君子地步。孟子说"君子所过者化，所存者神，上下与天地同流"（《孟子·尽心上》）。在讲究"与天地同流"的基础上，孟子充分重视和肯定人的重要性，强调发挥人的主观能动性，重人轻物，把人的因素放在主导地位。孟子说"天时不如地利，地利不如人和"（《孟子·公孙丑下》）。在这里，孟子把"人"的因素看作是最重要的。在《公孙丑上》篇，孟子引用《诗经·大雅·文王》的话说"永言配命，自求多福"。即，永远要与天命相配，但要自己去追求更多的幸福。在《万章上》篇，孟子引用《尚书·泰誓》的话说"天视自我民视，天听自我民听"。民众的眼睛就是天的眼睛，民众的耳朵就是天的耳朵。这些都充分表现了在天人关系中，孟子对人的重视。

三、"天人合一"生态世界观要求遵循规律与发挥主观能动性辩证统一

天人合一如何去合？主要就是按照天地之间的自然法则，辅助天地管理自然万物，使人与自然和谐共生、和谐发展、共同繁荣。《周易》是儒家的六经之首，它从总体上介绍了天人合一，《周易·文言》说"夫大人者，与天地合其德，与日月合其明，与四时合其序"。同时《周易》也肯定人的主动性，要掌握天地运行规律，辅助天地，使万物良好发展，即"裁成天地之道，辅相天地之宜"（《周易·象》）。或者用今天的话讲，中国传统天人合一生态观的要求是，强调遵循客观自然规律与发挥人的主观能动性辩证统一，即在不违背客观规律的大前提下积极发挥人的能动性，积极发明、创造、制作各种工具，积极合理地保护、改造、改善自然环境来为人类服务。我们知道古人论"天"解释多样，可能有数十种，但儒家的"天"最主要的含义是两种，一是"义理之天"，二是"自然之天"。体现生态思想的"天"是后一种意思，"天"即是自然界和自然界的规律法则。要求尊天、顺天，就是要求在处理人与自然关系时必

须遵守自然规律，按照客观规律办事。所以"天人合一"生态观的含义是：人是自然界的一部分，人与自然应该和谐共生；在处理人与自然关系时，要追求和谐共生、共同繁荣，因为只有做到人与自然的和谐共生，才能达到人类生存和发展的最高境界和理想境界。这种要求遵守客观自然规律与强调人的主观能动性的辩证统一的"天人合一"思想在三才论中的体现十分明显。《吕氏春秋·审时》说："夫稼，为之者人也，生之者地也，养之者天也。"这个三才论里唯一具有主观能动性的就是"人"，其他二者"天""地"都是被动地生养庄稼的。《齐民要术》《氾胜之书》等农书所要求的"顺天时""量地利"等终归到底是对人的要求，其实就是要求人们在遵守自然客观规律的前提下充分发挥人的主观能动性。

我国古代著名思想家荀子对这个要遵守客观自然规律与强调人的主观能动性的辩证统一的问题做了比较详细的论述。荀子名况，字卿，战国末期赵国（今山西安泽）人，生卒年不详。荀子主要活动于公元前290—前230之间（梁启超说生于前307年，卒于前213年）[1]。荀子为战国末期最著名的思想家，他的学说对我国传统社会曾经产生过重大影响，谭嗣同曾经说过"二千年来之学，荀学也"[2]；梁启超也曾指出，"自秦汉以后，政治学术，皆出于荀子"[3]。荀子的生态思想相比"孔孟"来说，显得较为激进；荀子提出了著名的"制天命而用之"的生态哲学命题。

（一）客观规律不以人的意志为转移：不与天争职、明于天人之分

荀子的天跟孔孟的"天"相比，主要是指自然之天和自然界的各种客观规律，颇有科学的意蕴，而少有孔孟的"义理之天""道德之天"和

---

[1] 荀子 [M]. 安继民，注译. 郑州：中州古籍出版社，2006：前言 7.

[2] 蔡尚思，方行. 谭嗣同全集增订本下 [M]. 北京：中华书局，1981：337.

[3] 梁启超，下河边半五郎. 饮冰室文集类编奥附 [M]. 东京：帝国印刷株式会社，1904：641.

其他各种形而上的含义。就如台湾学者蔡仁厚先生说，"荀子的天为自然，则根本是实然的，而不是形而上的"[1]。荀子认为自然界的客观规律是永恒不变的，是不会以人的意志为转移的，"天行有常，不为尧存，不为桀亡"（《荀子·天论》），又"天不为人之恶寒也，辍冬；地不为人之恶辽远也，辍广"（《荀子·天论》），天不会因为人讨厌寒冷而废止冬天，地不会因人讨厌它的广阔远大而废止它的广大。天地（自然界的生态环境）既是孕育自然万物的母体，又是自然万物赖以生存的根本条件，"天地合而万物生，阴阳接而变化起"（《荀子·礼论》），"天地者，生之始也"（《荀子·王制》），"天地者，生之本也"（《荀子·礼论》）。

正因为自然界的客观规律是不以人的意志为转移的，所以荀子要求人们"明于天人之分""不与天争职"，即明白人类活动与自然规律的区别，不要去做本应由"天地"来做的事，不要做违背自然规律的事。

什么是天职呢？荀子说："不为而成，不求而得，夫是之谓天职。"（《荀子·天论》）不去做就有成就，不去追求就能得到，这就叫作"天"的职能。荀子认为"人"的职能是配合管理天地万物和人类自身的，"天能生物，不能辨物也；地能载人，不能治人也；宇中万物、生人之属，待圣人然后分也"（《荀子·礼论》），又"天地生君子，君子理天地。君子者，天地之参也，万物之总也……无君子，则天地不理"（《荀子·王制》）。对于"天"的职能，人是不能去干预的，不能与天争职，"如是者，虽深，其人不加虑焉；虽大，不加能焉；虽精，不加察焉；夫是之谓不与天争职"（《荀子·天论》）。人是不能放弃自己原本的配合管理自然的职能而去同天地争职的，如果这样的话就是太糊涂了，"舍其所以参，而愿其

---

[1] 蔡仁厚. 孔孟荀哲学[M]. 台北：台湾学生书局，1984：369.

所参，则惑矣"（《荀子·天论》）。为什么要"明于天人之分""不与天争职"呢？因为对于"天"（自然界客观规律），"明于天人之分"，并且按照客观规律去办事，就能使天下太平，人们安居乐业；反之，就会有各种天灾人祸，而导致民不聊生。

（二）人最为天下贵，人与天地参，人要行人的管理之职

在人与自然的生态伦理关系中，荀子与孔孟是一脉相承，也是一位人本主义者。荀子认为"人最为天下贵"，即人是世界上最尊贵的，"水火有气而无生，草木有生而无知，禽兽有知而无义；人有气、有生、有知亦且有义，故最为天下贵也"（《荀子·王制》）。荀子非常重视人的主观能动性，把"人"看作是与"天""地"并立的三大要素之一，"天有其时，地有其材，人有其治，夫是之谓能参"（《荀子·天论》），"君子者，天地之参也"（《荀子·王制》），又"天有常道矣，地有常数矣，君子有常体矣"（《荀子·天论》）。而且，人的特点和优点就是善于利用外在的事物为己所用，"君子生非异也，善假于物也"（《荀子·劝学》）。

前面已经说过，人的职能是治理世间的自然万物。然而，人在行使管理之职能时除了要"不与天争职、明于天人之分"外，还要"知天"和"敬天道"。何谓"知天"？"知天"就是要"知其所为，知其所不为"，即知道该做什么事和不该做什么事。反之，如果不"知天"，胡作非为违背自然规律的话，就会有大灾难，"顺其类者谓之福，逆其类者谓之祸"（《荀子·天论》）。荀子还说"君子大心则敬天而道"（《荀子·不苟》），即，心往大的方面用，则敬奉遵循自然规律。

荀子认为人类社会的安定或动乱跟"天地"无关，全是由人类自己造成的，"治乱天邪？曰：日月、星辰、瑞历，是禹、桀之所同也；禹以治，桀以乱；治乱非天也。时邪？曰：繁启、蕃长于春夏，畜积、收藏于秋冬，是又禹、桀之所同也；禹以治，桀以乱；治乱非时也。地邪？曰：得地则生，失地则死，是又禹、桀之所同也；禹以治，桀以乱；治乱非地也"（《荀子·天论》）。

荀子主张通过"物畜而制之""制天命而用之""应时而使之""聘能而化之""理物而无失之""有物之所以成"等方式来管理自然万物，反对那种一味去思考"天"的职能而放弃人自己的职能，"唯圣人不求知天"（《荀子·天论》）。荀子说"大天而思之，孰与物畜而制之！从天而颂之，孰与制天命而用之！望时而待之，孰与应时而使之！因物而多之，孰与骋能而化之！思物而物之，孰与理物而勿失之也！愿于物之所以生，孰与有物之所以成！故错人而思天，则失万物之情"（《荀子·天论》）。人的分内事，以一言概之就是"序四时，裁万物，而兼利天下"（《荀子·王制》），即，掌握四季变化，管理天下万物，使天下的人都获得利益。如果人们善于掌握自然规律，并且善于根据它们来治理和利用自然万物，那么就会有用不完的财富，从而达到富国富民的目的。荀子《富国》写道：

现在这土地里生长出五谷，只要人们善于治理它，每亩地就会生产出几盆粮食，一年可以收获两次，然后瓜、桃、枣、李每一棵的产量也要用盆计算，各种蔬菜也要用池泽来计量，六畜和禽兽每一样就可以装满一车；鼋、鼍、鱼、鳖、泥鳅、鳝鱼等按时生育，一只就能繁殖成一大群，然后飞鸟、兔雁多如烟海，昆虫万物生长于其间，可以供人食用的东西数不胜数。天地生长万物，本来就绰绰有余，足以供人食用；麻葛、茧丝、鸟兽的羽毛、牙齿、皮革等，本来就绰绰有余，足以供人穿戴。

"一岁而再获之"的记载，从科技角度讲，表明在战国时期，我国就已经实行农作物的一年两熟制了。

关于人要行使人的管理之职，即"制天命而用之"这个哲学命题，有些学者理解为强调征服自然，如张岱年先生就评论说："生活在古代的荀子没有意识到，仅仅强调征服自然，不注意顺应自然，不注意与自然相协调，是片面的观点。"[1] 其实，所谓"制天命而用之"用今天的话讲就是——掌握自然规律并利用它，"制天命而用之"是在"知天""明于天人之分""不与天争职"和"敬天道"的前提下进行的，是没有强调征服自然和不注意与自然相协调的。荀子自己追求的理想"圣王之制"的具体措施也可以证明，下面稍后将具体论述。荀子的"制天命而用之"思想，郭沫若先生给予了较中肯的评价："'制天命'则是一方面承认有必然性，在另一方面却要用人力来左右这种必然性，使它于人有利，所以他要'官天地而役万物'。这和近代的科学精神颇能合拍，可惜在中国却没有得到它正常的发育。"[2]

（三）"天时、地利、人和"有机统一的生态系统观

荀子认为，圣王的法律制度要"天人合一"，即符合自然规律，对于农业和生态资源的管理要"以时禁发"。《荀子·王制》说"王者之法……山林泽梁，以时禁发而不税"。在《王制》篇，荀子详细论述了他对待和利用自然资源的理想方式，即"圣王之制"的可持续发展思想：

[1] 程宜山, 刘笑敢, 张岱年. 中华的智慧——中国古代哲学思想精粹 [M]. 上海：上海人民出版社, 1989：109.
[2] 郭沫若. 十批判书 [M]. 北京：科学出版社, 1956：212.

圣王的制度是，草木开花滋长结果的时期不能进山林砍伐，为不夭折、断绝草木的生长和繁殖。鼋、鼍、鱼、鳖、泥鳅、鳝鱼等产卵的时候，渔网和毒药不能投入水泽，不夭折、断绝水生鱼类的生长和繁殖。春耕、夏耘、秋收、冬藏，四季都不耽误时机地耕作，五谷就会源源不断地供应粮食，而百姓也就有多余的粮食。池塘、水潭、河流、湖泊，严格规定鱼类的捕捞时间，鱼、鳖会因此丰饶繁多，而老百姓也就用不完了。树木的砍伐、培育养护各不误时机，山林就不会光秃秃，而老百姓也会有用不完的木材。

可见，荀子把"时"的观念提到核心的高度，对于各种资源的索取利用以及农作物耕种都强调一个"时"字。对待各种自然资源，荀子的观点简言之就是"以时禁发""斩养结合"的可持续利用生态思想。索取，要在恰当的季节才能进行；种植、养护也要抓住恰当的时机进行。"斩伐养长不失其时"，说明了荀子不仅仅是主张单纯的"以时禁发"，在合适的时间人们还要主动养护、培育动植物和维护良好的生态环境。由此可见，荀子对自然资源是持一种可持续利用的生态保护思想的，并没有主张征服、掠夺自然的意识。水泽、树林是鱼类、鸟类的家，"川渊者，龙鱼之居也；山林者，鸟兽之居也"（《荀子·致士》），如果林木茂盛、水泽深，则鸟兽、鱼鳖多，"树成荫而众鸟息焉"（《荀子·劝学》），"川渊深而鱼鳖归之，山林茂而禽兽归之"（《荀子·致士》）；反之，就会没有鱼鳖鸟兽，"川渊枯则龙鱼去之，山林险则鸟兽去之"（《荀子·致士》）。

那么要怎样才能实现这种理想的"圣王之制"呢？荀子的方法一方

面是"分"，另一方面则是"和"与"合"，两个方面是互为前提、相辅相成的。荀子的"分"有两层意思，一是指人的社会地位的高低贵贱的等级划分，这固然有历史局限性；二是指人类社会职能的分工，要求人们忠于职守，做好分内事，这是具有积极意义的。前面说过，荀子认为"天"和"人"的职能是不同的，所以要明白"天"和"人"之间的分工；不仅如此，荀子还认为人类社会也是必须要分工的。社会分工是一个社会所必须的，《荀子·富国》写道：各行各业制造的产品才能供养一个人；一个人的能力不可能精通所有的技艺，一个人不可能同时从事所有的职业，所以离群索居得不到帮助就会贫穷；因此一个没有社会分工的社会群体是会出现各种问题的。而且这种"分"正是人类得以"和""合"和强大的原因。荀子说"（人）力不若牛，走不若马，而牛马为用，何也？曰：人能群，彼不能群也。人何以能群？曰：分。分何以能行？曰：义。故义以分则和，和则一，一则多力，多力则强，强则胜物，故宫室可得而居也。故序四时，裁万物，兼利天下，无它故焉，得之分义也"（《荀子·王制》）。可见，在荀子眼里，"分"是人类掌握自然规律、管理自然万物的前提条件。在《富国》篇，荀子又一次强调了他的社会分工思想，"人之生，不能无群，群而无分则争，争则乱，乱则穷矣。故无分者，人之大害也；有分者，天下之本利也。而人君者，所以管分之枢要也"；又，"兼足天下之道在明分，掩地表亩，刺草殖谷，多粪肥田，是农夫众庶之事也。守时力民，进事长功，和齐百姓，使人不偷，是将率之事也。高者不旱，下者不水，寒暑和节，而五谷以时孰，是天下之事也。若夫兼而覆之，兼而爱之，兼而制之，岁虽凶败水旱，使百姓无冻馁之患，则是圣君贤相之事也"。在其他的篇章，荀子还多次提到了他的"分"的思想。

分析完了"分"的方面，我们接着看同时存在的"和"与"合"的方面。《荀子·王制》写道："群而无分则争，争则乱，乱则离，离则弱，弱则不能胜物。"《荀子·王制》还写道："人何以能群？曰：分。……故义以分则和，和则一，一则多力，多力则强，强则胜物。"从这些论述我们可以看出，"分"的目的是消除人们之间的纷争，是为了让人与人和睦相处，即是为了"人和"。而人们之间的"和"，又是为了"合"成一个良好而强大的社会群体。当这个良性社会建立起来时，就可以实行"圣王之制"了，"君者，善群也。群道当则万物皆得其宜，六畜皆得其长，群生皆得其命。故养长时则六畜育，杀生时则草木殖"（《荀子·王制》）。此外，荀子的"和"与"合"还有作为整体的人类应当与自然和谐发展，以及作为整体的人类与"天时、地利"协调统一的整体思想。《荀子·富国》写道："上得天时，下得地利，中得人和，则财货浑浑如泉源，汸汸如河海，暴暴如丘山，不时焚烧，无所藏之，夫天下何患乎不足也？"天时、地利、人和，三者协调统一，人们就能得到用不完的财富。为了在农业上实现"天时、地利、人和"三者的有机统一，荀子还特别强调了作为社会分工为农夫的职业的专门化，要求他们尽心尽力种地而不去搞其他的技能，"农夫朴力而寡能，则上不失天时，下不失地利，中得人和，而百事不废"（《荀子·王霸》）。反之，如果不能够协调统一，就会灾祸临头，"上失天性，下失地利，中失人和；故百事废，财物诎，而祸乱起"（《荀子·正论》）；又"上失天时，下失地利，中失人和，天下敖然，若烧若焦"（《荀子·富国》）。总之，荀子的思想就是主张通过社会分工来营造、建立一个和谐而强大的人类社会；同时，人类自身又必须与自然协调统一、和谐发展。因此，荀子理想中的"圣王之制"以及实现这个理想的方法，其反映的就是"天人合一"生态系统观。

第三节 "天人合一"生态世界观的发展与成熟

儒家的"天人合一"生态世界观到汉代和宋代时发展成熟，不仅明确论述了人与自然万物都同源于天，而且指出天人相类、天人相通、天人感应，以及人辅天成。在儒家看来，上天是模仿自己的模样创造了人类，人类在世界上有辅助上天管理自然万物使万物与人和谐共生、共同繁荣的职责。人与自然万物是一个相辅相成，谁也离不开谁的有机整体，自然万物相对于人类就如同是人类身体的一部分，是人的"四肢百体"。

一、天生养万物，天为至尊

到了汉代，大儒董仲舒明确描绘了人与自然万物起源的世界观图景。董仲舒（公元前179—前104）[1]，汉代哲学家、思想家和政治家，广川人（今河北省景县）。在中国思想史乃至文化史上，董仲舒可以称得上是一位时代界标式人物 [2]。我们知道，春秋战国时期的思想界是诸子并起，百家争鸣；历经秦代短暂统一的法家治国，到汉朝初年，虽然文、景帝崇尚道家的无为之治，但社会上的各个学派争鸣之势早已复兴。元光元年（前134），汉武帝下诏征求治国方略，董仲舒在其著名的《举贤良对策》（又称《天人三策》）中系统地提出了"天人感应""大一统"学说和"罢黜百家，独尊儒术"的主张。此主张得到汉武帝的推崇和采纳，孔孟儒学从此便从诸子百家中凸显出来，跃居独尊的地位，成为此后几千年里中华民族传统精神的主干。另外，董仲舒吸收先秦诸子的正确思想，融入

---

[1]董仲舒的确切生卒年目前还没有定论，学界有多种说法，清代著名学者苏舆在他的《春秋繁露义证·董子年表》对董仲舒的生卒年进行了推算，姑且从之。

[2]邓红.董仲舒的春秋公羊学[M].北京：中国工人出版社,2001：序二.

儒学体系，形成适应中国中央集权制度的新儒学——经学。董仲舒成为经学大师，"为群儒首"。他的思想成为汉代的统治思想，影响中国政治达两千年 [1]。董仲舒认为，天是最高的神，世间万物（包括人）都是由上天创造和养育的。天产生和养育万物，无私且平等地对待他们。《汉书·董仲舒传》记载董仲舒的话："天者群物之祖也，故遍覆包函而无所殊，建日月风雨以和之，经阴阳寒暑以寒之。"又，《春秋繁露·王道通三》曰"天覆育万物，既化而生之，有养而成之，事功无已，终而复始"。再又，《春秋繁露·顺命》曰"父者，子之天也；天者，父之天也。无天而生，未之有也。天者，万物之祖，万物非天不生"。再又，《春秋繁露·观德》曰"天地者，万物之本，先祖之所出"。万物是由天所产生，人也一样，也是由天所产生的。《春秋繁露·为人者天》说"为生不能为人，为人者天也。人之为人本于天，天亦人之曾祖父也，此人之所以乃上类天也"。

到宋代，大儒朱熹论述了与董仲舒描绘的相类似的人与自然万物共同起源于天的世界观图景。朱熹(1130.9.15—1200.3.9)祖籍徽州婺源(今江西省婺源县)，生于尤溪(原属南剑州今属福建省三明市)，字元晦、仲晦，号晦庵、晦翁、遁翁、逆翁，别号考亭先生、紫阳先生、云谷老人、沧州病叟。南宋著名的理学家、思想家、哲学家、教育家、诗人、闽学派的代表人物，世称朱子，是继孔子、孟子以来最杰出的弘扬儒学的大师。朱熹是理学的集大成者，中国封建时代儒家的主要代表人物之一。他的学术思想，在南宋中后期、元朝、明朝、清朝四代将近千年的传统社会里，一直是封建统治阶级的官方哲学，他的《四书章句集注》被统治者列为官学教科书和科举考试的标准答案。朱熹的思想还对朝鲜、越南、

[1]周桂钿.董仲舒评传——独尊儒术奠定汉魂[M].南宁:广西教育出版社,1995：前言1.

日本、琉球王国等地方产生过重大影响，这些地区也曾将朱熹的学术思想列为官方哲学。朱熹总结了以往的思想，尤其是宋代理学思想，建立了庞大的理学体系，他的学问博大精深，从人文社会到自然科学，无所不包。就仅是自然科学（或自然哲学）方面，都是一个十分庞大的体系。鉴于朱熹学说广泛而重大的影响，国内外许多著名学者都对其思想从不同角度进行了分析和研究，相关著作和文章多得不胜枚举。例如，英国著名科技史家李约瑟先生在他的《中国科学技术史·第二卷·科学思想史》中对朱熹在自然科学方面成就的评价是："从科学史的观点来看，或许可以说他（指朱熹）的成就要比托马斯·阿奎那大得多。"[1] 美国著名学者 R.A. 尤利达教授说："现今的自然科学大厦不是西方的独有成果和财产，也不仅仅是亚里士多德、欧几里得、哥白尼和牛顿的财产——其中也有老子、邹衍、沈括和朱熹的功劳。"并且，认为"朱熹思想的广度和特质可与亚里士多德、托马斯阿奎那和莱布尼茨相媲美"[2]。朱熹也认为，人与自然万物归根结底都是由天所生。上天创造人和自然万物的顺序是，最先有天，然后才有地，接着天地交感生出人和自然万物。《朱子语类·卷四十五》说"先有天，方有地，有天地交感，方始生出人物来"[3]。人与自然万物是同根同源的，有关人与自然万物的共同起源，朱熹还有以下论述：

　　　　天地别无勾当，只是以生物为心。一元之气，运转流通，

---

[1]李约瑟.中国科学技术史：第二卷：科学思想史[M].北京：科学出版社,1990：506.

[2]RA 尤利达.中国古代的物理学和自然观[J].科学史译丛,1983(4)：12-30.

[3]黎敬德.朱子语类[M]// 朱熹.朱子全书：第 15 册.朱杰人,严佐之,刘永翔,主编.上海：上海古籍出版社,2002：1592.

略无停间，只是生出许多万物而已。[1]（《朱子语类·卷一》）

天地之间，二气只管运转，不知不觉生出一个人，不知不觉又生出一个物。即他这个斡转，便是生物时节。[2]（《朱子语类·卷九十八》）

"天地以生物为心"。譬如甑蒸饭，气从下面滚到上面，又滚下，只管在里面滚，便蒸得熟。天地只是包许多气在这里无出处，滚一番，便生一番物。[3]（《朱子语类·卷五十三》）

人、物之生，同得天地之理以为性，同得天地之气以为形。[4]（《四书章句集注·孟子集注·离娄下》）

正因为包括人在内的万事万物都是由上天创造和养育的，所以天是最尊贵的神。《春秋繁露·离合根》说："天高其位而下其施，藏其形而见其光。高其位，所以为尊也。下其施，所以为仁也。藏其形，所以为神。见其光，所以为明。故位尊而施仁，藏神而见光者，天之行也。"《春秋繁露·郊义》说："天者，百神之君也，王者之所最尊也。"又，《春秋繁露·郊语》说"天者，百神之大君也。事天不备，虽百神犹无益也。何以言其然也？祭而地神者，《春秋》讥之，孔子曰：'获罪于天，无所祷也'"。天，是诸神的最高君王；如果服侍上天不周备，即使是祭祀各种神灵也没有益处。为什么这样说呢，（不祭祀天）而只祭祀地神，《春秋》

[1] 黎靖德，朱子语类 [M]// 朱熹.朱子全书：第14册.朱杰人，严佐之，刘永翔，主编.上海：上海古籍出版社,2002：117.
[2] 黎靖德，朱子语类 [M]// 朱熹.朱子全书：第17册.朱杰人，严佐之，刘永翔，主编.上海：上海古籍出版社,2002：3298.
[3] 黎靖德，朱子语类 [M]// 朱熹.朱子全书：第15册.朱杰人，严佐之，刘永翔，主编.上海：上海古籍出版社,2002：1757.
[4] 朱熹.孟子集注 [M].济南：齐鲁书社,1992：116.

就指责过；孔子说过，得罪了上天，就没有什么可以祈祷的对象了。地，则是辅佐天来养育万物的，是"天之合"，其地位仅次于天。《春秋繁露·阳尊阴卑》说道："地事天也，犹下之事上也；地，天之合也。"尊天、敬天、畏天是儒家的一贯传统，儒家祖师孔子就曾说过，"唯天为大，唯尧则之"，以及"畏天命，畏大人，畏圣人之言"等，这些也都被董仲舒继承和发扬。天是最高的神，是最尊贵的，因此人们要用最尊敬的礼节来祭祀它。《春秋繁露·郊义》记载："以最尊天之故，故易始岁更纪，即以其初郊。郊必以正月上辛者，言以所最尊，首一岁之事。每更纪者以郊，郊祭首之，先贵之义，尊天之道也。"即使国家有大的丧事，宗庙的祭祀停止了也不能停止郊祭（祭天），以此来表现人们对上天的敬畏。《春秋繁露·郊祭》说："国有大丧者，止宗庙之祭，而不止郊祭，不敢以父母之丧，废事天地之礼也。父母之丧，至哀痛悲苦也，尚不敢废郊也，孰足以废郊者？故其在礼，亦曰：'丧者不祭，唯祭天为越丧而行事。'夫古之畏敬天而重天郊，如此甚也。"而且，对天的祭祀是由人间最尊贵的天子进行，王公诸侯只能祭祀江山社稷。《春秋繁露·王道》说《春秋》立义，天子祭天地，诸侯祭社稷，诸山川不在封内不祭"。又，《春秋繁露·五行顺逆》言"天子祭天，诸侯祭土"。由此可见，天在古代中国人的心中拥有至高无上的地位，而人们对天的敬畏也是最高程度的。

二、人最为天下贵，天人感应，人辅天成

儒家对"人最为天下贵"的思想是一脉相承的，董仲舒也认为人是世间万物中最尊贵的，超然于万物之上，其地位仅次于天和地。《春秋繁露·天地阴阳》曰"圣人何其贵者？起于天，至于人而毕。毕之外谓之物，物者投其所贵之端，而不在其中。以此见人之超然万物之上，而最为天下贵也。人下长万物,上参天地"[1]。学者阎丽认为此句开头"圣"字为衍文,应为"人何其贵者"。笔者认为这种说法在理,因为后面的句子都是说"人",而无"圣"字,去"圣"字后上下文意思更通顺。人类为什么可贵呢? 因为他起于天,到人而结束。在这之外叫作物,物在人们所贵重的行列,但不在人类本身当中。由此可见,人类超然在万物之上,是天下最为尊贵的。人类往下可以辅助万物生长,往上可与天地并列。《汉书董·仲舒传》记载的董仲舒的《举贤良对策》也说:"人受命于天,固超然异于群生,入有父子兄弟之亲,出有君臣上下之谊,会聚相遇,则有耆老长幼之施;粲然有文以相接,欢然有恩以相爱,此人之所以贵也。生五谷以食之,桑麻以衣之,六畜以养之,服牛乘马,圈豹槛虎,是其得天之灵,贵于物也。故孔子曰:'天地之性人为贵'。"人贵于万物,是因为人受命于天,人有亲情、礼仪、恩爱,以及人得天之灵,懂得蓄养利用万物。再又,《春秋繁露·人副天数》说"莫精于气,莫富于地,莫神于天。天地之精所以生物者,莫贵于人"。"仁"与"智"是人们学习修炼以渴望达到的最高道德品行与能力目标,就是这两个目标也是一个是爱护人类,另一个是为人类除去灾害。《春秋繁露·必仁且智》说:"莫近于仁,莫急于智。……故仁者所爱人类也,智者所以除其害也。"而且,董仲舒认为,天地产生的其他万事万物都是为了供养人类的,有些是用来满足人类需要,养人类身体的;有些是用来增加人们威严,作人类服饰的,且礼仪就是这样兴起的。《春秋繁露·服制像》说"天地之生万物也以养人,故其可食者以养身体,其可威者以为容服,礼之所为兴也"。而且,上天对人类的考虑是很周全的,当群物枯死的时候,还会特别产

---

[1]董仲舒.董子春秋繁露译注[M].阎丽,译注.哈尔滨:黑龙江人民出版社,2003:314.

生一些可食可用之物以供给养人类，"当物之大枯之时，群物皆死，如此物独生。其可食者，益食之，天为之利人，独代生之；其不可食，益畜之，天慭州华之间，故生宿麦，中岁而熟之"（《春秋繁露·循天之道》）。可见，尊重和爱护人类自身是董仲舒有关人与自然关系思想的主要内容之一，董仲舒无疑是汉代的人本主义大师。

朱熹也同样认为，人是自然万物中最尊贵的。在朱熹看来，虽然人与自然万物同源，但人与它们是有区别的，"其不同者，独人于其间得形气之正，而能有以全其性，为少异耳。虽曰少异，然人、物之所以分，实在于此"（《孟子集注·离娄下》）。关于人与自然万物的区别，朱子在《晦庵先生朱文公文集·卷五十九·答余方叔》中更是明确地说道："天之生物，有有血气知觉者，人兽是也；有无血气知觉而但有生气者，草木是也；有生气已绝而但有形质臭味者，枯槁是也。是虽其分之殊，而其理则未尝不同。但以其分之殊，则其理之在是者不能不异。故人为最灵而备有五常之性，禽兽则昏而不能备，草木枯槁则又并与其知觉而亡焉，但其所以为是物之理，则未尝不具耳。"又"问：'人具五行，物只得一行？'曰：'物亦具有五行，只是得五行之偏者耳'"（《朱子语类·卷四》）。再又"以其理而言之，则万物一原，固无人物贵贱之殊；以其气而言之，则得其正且通者为人，得其偏且塞者为物；是以或贵或贱而有所不能齐也。彼贱而为物者，既梏于形气之偏塞，而无以充其本体之全矣。惟人之生乃得其气之正且通者，而其性为最贵，故其方寸之间，虚灵洞彻，万理咸备，盖其所以异于禽兽者正在于此"（《四书章句集注·大学或问》）。可见，朱子认为从本质上看，人与万物是同出一源的，是没有贵贱之分的；但是人与自然万物间的区别还是有的，那就是人类是得气"之正通者"，而其他动植物都是得气"偏且塞者"，因此就造成了人是天下最灵，人性是天下最贵的。

人之所以天下最贵，还与人与天在构造上类似有关，即所谓天人相类。董仲舒认为人的形体构造是与天相类似的，或者说是上天依照自身的特点创造了人类，而这也是人类超然于万物之上，为天下最贵的原因之一。《春秋繁露·人副天数》说"人有三百六十节，偶天之数也；形体骨肉，偶地之厚也；上有耳目聪明，日月之象也；体有空窍理脉，川谷之象也；心有哀乐喜怒，神气之类也。观人之体一，何高物之甚，而类于天也。……人之绝于物而参天地。是故人之身，首妾而员，象天容也；发，象星辰也；耳目戾戾，象日月也；鼻口呼吸，象风气也；胸中达知，象神明也；腹胞实虚，象百物也。百物者最近地，故要以下，地也。天地之象，以要为带。颈以上者，精神尊严，明天类之状也；颈而下者，丰厚卑辱，土壤之比也。足布而方，地形之象也"。人为什么高于万物呢？因为人的形体构造"类于天也"。上天依照自己的特性创造了人类，不仅体现在人的身体结构上类似上天，而且人的血气、德行、好恶、喜怒哀乐等都与天的相应特征类似；总之，人的身体就好像一个具体而微的小天地。《春秋繁露·为人者天》云"人之人本于天，天亦人之曾祖父也。此人之所以乃上类天也。人之形体，化天数而成；人之血气，化天志而仁；人之德行，化天理而义。人之好恶，化天之暖清；人之喜怒，化天之寒暑；人之受命，化天之四时。人生有喜怒哀乐之答，春秋冬夏之类也。喜，春之答也；怒，秋之答也；乐，夏之答也；哀，冬之答也。天之副在乎人，人之情性有由天者矣"。人的生长发育、生理活动、行为等也是类天，《春秋繁露·阳尊阴卑》说"天之大数，毕于十旬。旬天地之间，十而毕举；

旬生长之功，十而毕成。十者，天数之所止也。……阳气以正月始出于地，生育长养于上。至其功必成也，而积十月。人亦十月而生，合于天数也。是故天道十月而成，人亦十月而成，合于天道也"。又，《春秋繁露·人副天数》说"乍视乍瞑，副昼夜也；乍刚乍柔，副冬夏也；乍哀乍乐，副阴阳也；心有计虑，副度数也；行有伦理，副天地也"。阴阳是天地的运行规律，"天地之常，一阴一阳。阳者，天之德也，阴者，天之刑也"（《春秋繁露·阴阳义》）。而人类也正是以阴阳规律为指导生活发展的。首先是人类的身体本身就有阴阳之性，腰带以上部分属阳，腰带以下部分属阴，"带以上者，尽为阳，带而下者，尽为阴，各其分"（《春秋繁露·人副天数》）。其次，人类的男女二性，也正是类于天地间的阴阳二气，男性类于阳气，女性类于阴气。《春秋繁露·阳尊阴卑》说："丈夫虽贱皆为阳，妇人虽贵皆为阴。"再次，人类的各种伦理等级也是偶合阴阳而来的，"阴者阳之合，妻者夫之合，子者父之合，臣者君之合，物莫无合，而合各相阴阳。……君臣、父子、夫妇之义，皆取诸阴阳之道。君为阳，臣为阴；父为阳，子为阴；夫为阳，妻为阴"（《春秋繁露·基义》）。最后，人类社会的官制也是相类于天，"王者制官，三公、九卿、二十七大夫、八十一元士，凡百二十人，而列臣备矣。……三人而为一选，仪于三月而为一时也。四选而止，仪于四时而终也。……天有四时，每一时有三月，三四十二，十二月相受而岁数终矣。官有四选，每一选有三人，三四十二，十二臣相参而事治行矣。以此见天之数，人之形，官之制，相参相得也。人之与天，多此类者"（《春秋繁露·官制象天》）。

因为人与天是相类的，人是具体而微的天，所以人类的尊卑地位是仅次于天地之后，远高于万物的，人类是与天地并列的。《春秋繁露·立元神》说"何谓本? 曰:天、地、人,万物之本也。天生之,地养之,人成之。天生之以孝悌,地养之以衣食,人成之以礼乐。三者相为手足,合以成体,不可一无也"。一方面,这里说明了人类的地位是超然于万物之上,是可与天地相提并论的;另一方面这里也充分体现了董仲舒的人本主义思想,除了最高的神——"天"和其辅助者"地"以外,人类就是这天下的根本,是万物的管理和统治者。同时,这句话也表明了,人与天地、万物是一个有机的整体,是一个巨型生态系统,只有天、地、人三者和睦相处,"相为手足,合以成体",才能使包括人类在内的自然万物和谐地向前进化发展。《春秋繁露》还有几处将人类与天、地相提并论的说法,例如,《春秋繁露·人副天数》说"天德施,地德化,人德义。天气上,地气下,人气在其间"。又,《春秋繁露·天道施》说"天道施,地道化,人道义"。董仲舒的天人相类理论既为以人为本和谐生态伦理观提供了有力的理论支持,论证了人类是天下最尊贵的,也为天人相通、天人感应和天人合一观作了理论铺垫。

朱熹继承和发扬了董仲舒的天人相类观点,同样认为天是大的人,人是小的天。《朱子语类·卷六十》云"天便脱模是一个大底人,人便是一个小底天。吾之仁义礼智,即天之元亨利贞。凡吾之所有者,皆自彼而来也"。又"人便是小胞,天地是大胞。人首圆象天,足方象地,中间虚,包许多生气"(《朱子语类·卷五十三》)。人与天的类似,表现在方方面面,首先是构造上的相类似,体现在人体的各个部分与天地相对应部分的相似,如"人首象天,足方象地,中间虚,包许多生气";其次是,人的道德、礼仪、品性等也都与天地的相应特征相似,如"吾之仁义礼智,即天之元亨利贞",总之就是人的所有都可以在天地中找到根源,即"凡吾之所有者，皆自彼而来也"。为什么人与天地相类似呢？因为人与自然万物都是天地所生的，自然就会具有这种相似性。朱子认为，人与天地其实一直都是一体的，如，人与天地"不须问他从初时，只今便是一体"（《朱子语类·卷三十三》）。甚至，他还更直接地说"天即人，人即天。人之始生，得于天也；既生此人，则天又在人矣。凡语言、动作、视听，皆天也。只今说话，天便在这里"（《朱子语类·卷十七》）。朱子还有更进一层的思想，即认为不仅人与天地是一体的，天底下所有的自然万物（包括人）与天地都是一体的。朱子曾说道"天地便是大底万物，万物便是小底天地"（《朱子语类·卷六十八》）。又，"盖天地万物本吾一体"（《四书章句集注·中庸章句》）。

既然天人相类，而同类事物之间是相通相应的，所以天与人是相通的，可以互相感应。《春秋繁露·同类相动》说"百物去其所与异，而从其所与同。故气同则会，声比则应。……美事召美类，恶事召恶类，类之相应而起也，如马鸣则马应之，牛鸣则牛应之。……物故以类相召也"。同类事物是会汇聚到一块儿的，而且同类之间是相通的，能够互相感应，就犹如"马鸣则马应之，牛鸣则牛应之"一样。而人类是上天模仿自己所创造的，人类类于天，因此人与天也是相通的，是可以互相感应的。《春秋繁露·同类相动》接着说："天将阴雨，人之病故为之先动，是阴相应而起也。天将欲阴雨，又使人欲睡卧者，阴气也。……阳益阳而阴益阴，阴阳之气因可以类相益损也。天有阴阳，人亦有阴阳。天地之阴气起，而人之阴气应之而起，人之阴气起，而天地之阴气亦宜应之而起，其道一也。"天将阴雨，而人为之生病，为之欲昏睡，这是人对天的感应；反过来，人类的阴阳属性也能对上天有影响，能够让上天感应到，因此天与人是相通的，是互相感应的。《春秋繁露·人副天数》也说"阳，天气也；阴，地气也。故阴阳之动，使人足病，喉痹起，则地气上为云雨，而象亦应之也。天地之符，阴阳之副，常设于身，身犹天也，数与之相参，故命与之相连也"。这就明确指出了人的身体是类似于天的，"身犹天也"，人类是与上天相通的，相互感应的。

跟汉代流行的天人感应思想一样，朱子也认为人与自然界是可以相互感应的。朱子的感应思想，首先体现在人类之间。《朱子语类·二十七卷》说"'同声相应，同气相求'。吉人为善，便自有吉人相伴，凶德者亦有凶人同之……有如此之德，必有如此之类应。如小人为不善，必有不善之人应之"。在这种感应过程中，朱子认为是在同一类事物不同个体之间发生的，就如频率相同的乐器间发生共鸣、共振一样。前面分析过，朱子认为天人相类，甚至天地万物都是一体的，为现在的这种相互感应奠定了理论基础。《晦庵先生朱文公文集·卷四十三》说"祭祀之礼，以类而感，以类而应"。在评论炼丹时也是多次论及"同类相感应"这一思想。《周易参同契考异》说"同类相变为警也。……异类不能相成……药非同类，不能成实"[1]。接着，我们可以清楚地看到，在朱子的论著中，人与自然界的相互感应是朱子有关感应的主要内容之一。首先是人能够感应到自然万物，"生物之心，我与那物同，便会相感。这生物之心，只是我底，触物便自然感"（《朱子语类·卷一百二十》）。其次是，自然界的事物也对人感应。对于东汉末年著名的孝子王祥（"剖冰求鱼"）"卧冰求鲤"（据《搜神记·卷十一》《晋书·卷三十三》等记载："母常欲生鱼，

---

[1] 朱熹.周易参同契考异[M]//朱熹.朱子全书：第13册.朱杰人，严佐之，刘永翔，主编.上海：上海古籍出版社,2002：544.

时天寒冰冻，祥解衣，将剖冰求之。冰忽自解，双鲤跃出，持之而归。"这便是"剖冰求鱼"。后人流传中就变成了这样：王祥后母想要吃鲜鱼，可是当时天寒地冻，王祥就脱下衣服，躺卧在冰层上来求鱼。冰忽然自己化开，有双鲤跃出。王祥捉到两条鲤鱼，归家供养后母，即"卧冰求鲤"。）感动得鲤鱼自己跳出江面的故事，朱熹评论道"王祥孝感，只是诚发于此，物感于彼"[1]（《朱子语类·卷一百三十六》）。对于求雨，朱熹解释说："祈雨之类，亦是以诚感其气。"（《朱子语类·卷九十一》）如果作为统治者的人主坏事做多了，就会感召不详，以致引起各种自然灾害，朱子非常赞同这种观点。《朱子语类·卷六十二》记载："文蔚曰：'且如人生积累愆咎，感召不祥，致有日月薄蚀，山崩川竭，水旱凶荒之变，便只是此类否？'曰：'固是如此'。"朱熹认为，如果君王修德行政、用贤去奸，就能使日食月食都减少；反之，就会"当食必食"，日食月食出现的机会就会增多。《诗集传·卷十一》记载："然王者修德行政，用贤去奸，能使阳盛足以胜阴，阴衰不能侵阳，则日月之行，虽或当食，而月常避日，故其迟速高下，必有参差而不正相合，不正相对者，所以当食而不食也。若国无政，不用善，使臣子背君父，妾妇乘其夫，小人陵君子，夷狄侵中国，则阴盛阳微，当食必食，虽曰行有常度，而实为非常之变矣。"[2]朱熹跟当时的人都认为，日食月食的减少是国家兴旺、太平盛世的征兆，而日食月食的出现（尤其是日食）是乱亡之兆。例如，紧接着，朱熹就引用苏氏的话进行说明："日食，天变之大者也。然正阳之月，古尤忌

[1]黎靖德.朱子语类[M]//朱熹.朱子全书:第18册.朱杰人,严佐之,刘永翔,主编.上海:上海古籍出版社,2002:4222.

[2]朱熹.诗集传[M]//朱熹.朱子全书:第1册.朱杰人,严佐之,刘永翔,主编.上海:上海古籍出版社,2002:591-592.

之。……彼月则宜有时而亏矣，此日不宜亏而今亦亏，是乱亡之兆也。"[1]
其实，朱熹的意思就是，君王无道，自然界就会出现各种异常的乱亡征兆；
反之，君王有道，自然界也会出现各种太平强盛的征兆。总之，上天是
行使着对人们的最终赏善罚恶职责的。《朱子语类·卷七十九》记载："问：
'"天道福善祸淫"，此理定否？'曰：'如何不定？自是道理当如此。赏
善罚恶，亦是理当如此。不如此，便是失其常理'。"对比前面讨论的董
仲舒的天人感应思想，可以发现，朱子的有关人与自然互相感应的论述
与董仲舒的论调是十分相似的。对于自然灾难，朱熹也认为，并不是所
有的自然灾难都是由人的感应所引起的，也有自然发生的。《朱子语类·卷
七十九》记载："又问：'失其常者，皆人事有以致之耶？抑偶然耶？'曰：
'也是人事有以致之，也有是偶然如此时'。又曰：'大底物事也不会变，
如日月之类。只是小小底物事会变'。"

　　人承担着上天给予的使命，这个使命就是辅助天管理自然万物（即
人辅天成），使人与自然万物和谐共生，共同繁荣。天给予人的使命就是
人的职责，人类在履行职责时必须遵循天道（即遵循自然规律）、泛爱群
生，使人与人、人与社会、人与自然和睦共处，和谐发展。上天按照自
己的模样创造了人类，人类是上天管理自然万物的代理人，"人受命于
天"《春秋繁露》中多处这样叙述）。人类作为一个整体是"人受命于天"的，
不过董仲舒认为"天"并不是受命到每一个具体的人，天在人类中间挑
选了一个代理人——天子(即皇帝、王者)，唯有天子才是直接受命于天的，
其他人受命于天子。《春秋繁露·为人者天》说"唯天子受命于天，天下

[1]朱熹.诗集传 [M]// 朱熹.朱子全书：第 1 册.朱杰人，严佐之，刘永翔，主编.上海：上
海古籍出版社，2002:591-592.

受命于天子"。又，《春秋繁露·王道通三》说"古之造文者，三画而连其中，谓之王。三画者，天、地与人也，而连其中者，通其道也。取天地与人之中以为贯而参通之，非王者孰能当是？"再又，《春秋繁露·立元神》说"君人者，国之元，发言动作，万物之枢机。枢机之发，荣辱之端也。失之毫厘，驷不及追"。由此可见，上天真正委托管理天下苍生的代言人是天子；天子是直接受命于天的，其他人是通过天子而间接受命于天的，通过天子之手来管理人类，再通过人类来管理自然万物。这种层层递进关系，《春秋繁露·顺命》作了详细的论述："天子受命于天，诸侯受命于天子，子受命于父，臣妾受命于君，妻受命于夫。诸所受命者，其尊皆天也，虽谓受命于天亦可。"

人受命于天，人的道德、行为等必须要符合上天所规定的准则，即人类行事必须要"法天道""顺天命"。《春秋繁露·王道通三》说"王者唯天之施，施其时而成之，法其命而循之诸人，法其数而以起事，治其道而以出法，治其志而归之于仁"。那么天道、天命是怎么样的呢？《汉书·董仲舒传》说"天道之大者在阴阳。阳为德，阴为刑；刑主杀而德主生。是故阳常居大夏，而以生育养长为事；阴常居大冬，而积于空虚不用之处。以此见天之也"。天道是"任德不任刑"，主生不主杀，仁爱天下众生，所以作为天的代言人——王者，就必须法天道，也应该"任德教而不任刑"，制定的政策法规以仁爱天下众生为主。"王者承天意以从事，故任德教而不任刑。刑者不可任以治世，犹阴之不可任以成岁也。为政而任刑，不顺于天，故先王莫之肯为也。今废先王德教之官，而独任执法之吏治民，毋乃任刑之意与！孔子曰：'不教而诛谓之虐'。虐政用于下，而欲德教之被四海，故难成也"（《汉书·董仲舒传》）。又，《汉书·董仲舒传》说"天者群物之祖也，故遍覆包函而无所殊，建日月风雨以和之，经阴阳寒暑以成之。圣人法天而立道，亦溥爱而亡私，布德施仁以厚之"。上天"遍覆包函而无所殊"，即无私地养育万物；而作为人君的"圣人"也要效法天道，做到"溥爱而亡私，布德施仁以厚之"，广施仁德，无私心地爱护天下众生。《春秋繁露·离合根》说"天高其位而下其施……下其施，所以为仁也……故位尊而施仁，藏神而见光者，天之行也"。又，《春秋繁露·王道通三》说"仁之美者在于天，天仁也"。可见，"仁"是天道的主要组成部分，作为人主的天子，必须要法天而行仁道。《春秋繁露·离合根》说"故为人主者，法天之行……泛爱群生，不以喜怒赏罚，所以为仁也"。又，《春秋繁露·王道通三》说"人之受命于天也，取仁于天而仁也"。

通过上面的分析可知，因为"仁"本身就是天道的重要组成部分，因此君王要法天道，就必须要讲仁义，推行仁政。而"仁"正是儒家思想的核心内容之一。儒家的开山祖师孔子首先就将"仁"作为核心内容纳入了自己的思想体系，孔子的"仁"主要是爱人类。《伦语·颜渊》记载："樊迟问仁。子曰：'爱人'。"儒家的亚圣孟子将"仁"的内涵由单独对人类的爱扩展到自然万物，他的著名论述是："君子之于物也，爱之而弗仁；于民也，仁之而弗亲。亲亲而仁民，仁民而爱物。"（《孟子·尽心上》）董仲舒先生的"仁"是对先秦儒家"仁"的内涵的继承和发扬，他的"仁"也是不仅要爱人类，还要爱天地间的万事万物，即"泛爱群生，不以喜怒赏罚"。董仲舒在《春秋繁露·仁义法》篇对仁的内涵作了清晰而著名的说明，他说："质于爱民，以下至于鸟兽昆虫莫不爱。不爱，奚足谓仁？"可见，董仲舒的"仁"的内涵是明确包括爱人类，以及爱代指天下万物的"鸟兽昆虫"的。

董仲舒描述的理想社会蓝图除了人与人、人与社会之间和睦相处，人们安居乐业之外，还包括人与自然之间的和谐相处。《春秋繁露·王道》说"道，王道也。王者，人之始也。王正则元气和顺、风雨时……五帝三王之治天下，不敢有君民之心。什一而税，教以爱，使以忠，敬长老，亲亲而尊尊，不夺民时，使民不过岁三日，民家给人足，无怨望忿怒之患，强弱之难，无谗贼妒疾之人。民修德而美好，被发衔哺而游，不慕富贵，耻恶不犯。父不哭子，兄不哭弟。毒虫不螫，猛兽不搏，抵虫不触。故天为之下甘露，朱草生，醴泉出，风雨时，嘉禾兴，凤凰麒麟游于郊"。理想的太平社会包括人与自然的和谐发展，即"毒虫不螫，猛兽不搏，抵虫不触。故天为之下甘露，朱草生，醴泉出，风雨时，嘉禾兴，凤凰麒麟游于郊"。《汉书·董仲舒传》也说"为人君者，正心以正朝廷，正朝廷以正百官，正百官以正万民，正万民以正四方。四方正，远近莫敢不壹于正，而亡有邪气奸其间者。是以阴阳调而风雨时，群生和而万民殖，五谷孰而草木茂，天地之间被润泽而大丰美，四海之内闻盛德而皆徕臣，诸福之物，可致之祥，莫不毕至，而王道终矣"。又，《汉书·董仲舒传》说"古以大治，上下和睦，习俗美盛，不令而行，不禁而止，吏亡奸邪，民亡盗贼，图圄空虚，德润草木，泽被四海，凤凰来集，麒麟来游"。由此可见，自然界各种生物的繁荣昌盛与生态环境的和谐美好是理想社会不可或缺的一部分，使"风雨时，群生和而万民殖，五谷孰而草木茂，天地之间被润泽而大丰美""德润草木，泽被四海，凤凰来集，麒麟来游"是君王的责任之一。总之，上天受命于天子，就是让天子把天下管理好，天子应当行仁政，泛爱群生，要让百姓安居乐业，要让天下的群生繁荣昌盛，使人类与自然万物都繁荣昌盛。

朱熹也认为人有辅助天地管理万物，使人与自然万物和谐共生、共同繁荣的职责。在朱熹看来，人是与天地相并列的，并且人与天地有着不同的职能分工。在《四书章句集注·中庸章句》里有这样的记载，原《中庸》写有，（人）"可以赞天地之化育，则可以与天地参矣"，朱熹对此注解道："'与天地参'，谓与天地并立为三也。"在《晦庵先生朱文公文集·七十三卷》对人为什么可以与天地并立为三作了解释："景风时雨与戾气旱蝗均出于天，五谷桑麻与莨稗钩吻均出于地，此固然矣。人生其间，混然中处，尽其燮理之功，则有景风时雨而无戾气旱蝗，有五谷桑麻而无莨稗钩吻，此人所以参天地赞化育，而天地所以待人而为三才也。"可见人之所以能成为与天地并立的"三才"之一，是因为天地赋予了人类职责和工作，而且人必须要担负和完成天地赋予的这些工作，以使天地间的自然万物和谐兴旺；具体来说人的职能和工作的目标就是"尽其燮理之功"，使天地间"有景风时雨而无戾气旱蝗，有五谷桑麻而无莨稗钩吻"。之所以会出现这种情况，是因为并不是所有的事情都是天地完成的，天地也有做不了的事情，而这些事情需要靠人来帮助完成。《朱子语类·卷六十四》记载："'赞天地之化育'。人在天地中间，虽只是一理，然天人所为，各自有分，人做得底，却有天做不得底。如天能生物，而耕种必用人；水能润物，而灌溉必用人；火能爨物，而薪爨必用人。裁成辅相，须是人做，非赞助而何？"由此可见，人与天地在职能上是有着不同的分工的，只有天、地、人三者各司其职，分工合作、密切配合，才能实现世界的和谐兴旺。朱熹这里的人与天地并列为三的思想是对我国传统三才论的继承和发扬，而他的人与天地职能分工的思想，则不由让人想起先秦时期荀子的天人分工论述，可以说这也是对荀子的天人分工思想的继承、发扬和进一步发展成熟。

三、天人合一，自然万物是人的"四肢百体"

人与天是合一的，而且人与天必须要合一。董仲舒从人与天的构造、人们的生活、人对自然万物的管理职责等三个层面论述了"天人合一"。首先是从类型构造上看，董仲舒认为人类是上天依照自己的形体创造的，人类的身体构造与天相同，在类型上是天人合一。《春秋繁露·阴阳义》言"天之道以三时成生，以一时丧死。死之者，谓百物枯落也；丧之者，谓阴气悲哀也。天亦有喜怒之气、哀乐之心，与人相副，以类合之，天人一也"。其次是人们的生活应当依循天道来养生，做到天人合一。《春秋繁露·循天之道》说"循天之道以养其身，谓之道也。……男女之法，法阴与阳……天地之气，不致盛满，不交阴阳；是故君子甚爱气而游于房，以体天也。气不伤于以盛通，而伤于不时、天并。不与阴阳俱往来，谓之不时；恣其欲而不顾天数，谓之天并。君子治身，不敢违天，是故新牡十日而一游于房，中年者倍新牡，始衰者倍中年，中衰者倍始衰，大衰者以月当新牡之日，而上与天地同节矣，此其大略也。……男女体其盛，臭味取其胜，居处就其和，劳佚居其中，寒暖无失适，饥饱无过平，欲恶度理，动静顺性，喜怒止于中，忧惧反之正，此中和常在乎其身，谓之得天地泰。得天地泰者，其寿引而长，不得天地泰者，其寿伤而短"。最后人们的道德修养，对人对物的行为都要符合天道；还要完成上天交给的使命，管理好自然万物，使人与自然和睦相处，共同发展。这层意思就是《春秋繁露·立元神》所说的："天、地、人，万物之本也。天生之，地养之，人成之。天生之以孝悌，地养之以衣食，人成之以礼乐。三者相为手足，不可一无也。"即，天、地、人三者共同构成一个有机的整体，三者有各自的分工，任何一个都不能缺少。天、地、人的合而为一是万物之本，必须要三者的有机联合才能使天地间的自然万物欣欣向荣，繁茂兴旺。总之，天与人是合而为一的，是一体的，即所谓的"天人之际，合而为一"（《春秋繁露·深察名号》）。

人不仅与天地合一，而且人与天地间的自然万物也是一个有机统一的整体；自然万物是人的"四肢百体"。北宋大儒程颢说："若夫至仁，则天地为一身，而天地之间，品物万形为四肢百体。夫人岂有视四肢百体而不爱者哉？"[1]（《二程遗书·卷四》）。到这里，儒家已经把人与自然万物（生态环境）的关系具象化，天人合一，人与自然万物也合一。人与天地合一，形成躯干；人与自然万物合一，形成四肢百体。可见，自然万物是人的生命里不可或缺的重要组成部分。我们可以这样来具象化描述"天人合一"生态世界观：

天作为最高的神创造了大地、人、自然万物。地为天之合，与天一起生养众生。人是上天按照自己的模样创造出来，所以人为天下贵，天人相类，天人相通，天人感应。上天赋予了人一个职责，那就是辅助天管理自然万物，让人类自己与自然和谐共生、共同繁荣。人必须要与天合一，遵循上天的自然法则行事；人也必须要与自然万物合一，将自然万物视为自己身体的一部分。人与自然界是一个有机统一的生命体，人有理性会思考是大脑，自然万物（生态环境）是人的四肢百体。天监视人的行为，对人进行赏善罚恶；遵循天道者赏，违背天道者罚。

儒家这样的生态世界观，为我国传统的以人为本的和谐生态伦理观

---

[1] 程颢,程颐.二程遗书 [M].上海：上海古籍出版社,2000：126.

的形成和贯彻提供了前提，也为我国传统生态经济、绿色生活文化、生态农业、生态环境保护等的形成和实施打下了坚实的基础。

第二章　中华传统生态经济思想与绿色生活文化

在中华传统生态世界观"天人合一"思想的影响下，我国传统社会的经济和人们的生活消费，其总体方向和目标特征表现为人与自然和谐发展的生态经济和人与自然和谐共生的绿色生活方式。习近平总书记指出，"推动形成绿色发展方式和生活方式，是发展观念的一场深刻革命"[1]。绿色发展方式和绿色生活方式是解决生态问题的根本出路，是我们今天生态文明建设的主要内容。回顾中华传统生态思想史，可以发现绿色发展和绿色生活有悠久的历史根源，在很早以前的传统社会就有了这方面的思想追求和实践。

第一节　人与自然和谐发展的生态经济思想

生态经济论认为社会经济系统是整个生态系统的一部分，生态系统决定了社会发展的最大限度；生态环境为人类社会提供了一个框架，社会应该在这个框架中采用最有效的方式来管理资源，使所有的资源都得

---

[1]中共中央宣传部.习近平新时代中国特色社会主义思想学习纲要[M].北京：学习出版社,2019：171.

到充分的利用[1]。生态经济论要求经济的发展必须遵循自然生态规律，而且要在遵循自然生态规律的前提下把经济发展到最优化。生态经济的目标就是要使经济与生态环境协调发展，使资源可持续利用，实现可持续发展。

一、遵循自然规律，人与自然和谐发展

《管子》是先秦时期的经济、军事、治国理论的集大成之作，其社会经济发展主张蕴含着丰富的生态经济思想。《管子》认为自然生态规律是客观存在的，是古今不变的，因此人们做事必须要遵循自然规律。《管子·形势》说"天不变其常，地不易其则，春夏秋冬不更其节，古今一也"。《管子·形势解》说："天，覆万物而制之；地，载万物而养之；四时，生长万物而收藏之。古以至今不更其道。故曰：'古今一也'。"《管子》认为做事情必须顺天而行，才能成功；否则即使在一定程度上取得小成就，终究也会大败而亡。《管子·形势》说"其功顺天者，天助之；其功逆天者，天违之。天之所助，虽小必大；天之所违，虽成必败。顺天者有其功。逆天者怀其凶，不可复振也"；"失天之度，虽满必涸"。《管子》还对为什么要遵循自然规律作了解释，认为万物都受制于客观规律，所以要遵循客观规律。《管子·版法解》说"万物尊天而贵风雨。所以尊天者，为其莫不受命焉也。所以贵风雨者，为其莫不待风而动，待雨而濡也"。

《管子》在论述怎样遵循自然规律时，主要体现为顺天时，量地力，遵照客观规律办事。《管子·四时》说"不知四时，乃失国之基"。《管子·牧民》说"凡有地牧民者，务在四时，守在仓廪。……不务天时，则财不生；不务地利，则仓廪不盈"。对于一年四季春、夏、秋、冬的时令变化，

---

[1]徐中民,张志强,程国栋.生态经济学理论方法与应用[M].郑州:黄河水利出版社,2003:3.

《管子》有自己独到的见解，要求在恰当的时节做适宜的事情。《管子·形势解》说"春者，阳气始上，故万物生。夏者，阳气毕上，故万物长。秋者，阴气始下，故万物收。冬者，阴气毕下，故万物藏。故春夏生长，秋冬收藏，四时之节也"。对于建设国都和其他一些城市，要求"因天材，就地利，故城郭不必中规矩，道路不必中准绳"。

但是《管子》并不要求消极地、绝对性地服从规律，完全抹杀人的主观能动性；而是辩证性地处理人与自然的关系，强调在遵循自然规律的前提下，重视、肯定"人"的作用，积极主动发展社会经济；实现人与自然的和谐发展。《管子·五行》说，"人与天调，然后天地之美生"；"天为粤宛，草木养长，五谷蕃实秀大，六畜牺牲具，民足财，国富，上下亲，诸侯和"。再者，《管子》把"人力"当作和天时、地利并重的三大要素之一，提出了要求人与自然和谐发展的传统"三才论"思想。例如，对于"权"要根据"三度"来行动，"上度之天祥，下度之地宜，中度之人顺，此所谓三度"。《管子·内业》说"天主正，地主平，人主安静"。《管子·禁藏》也说"顺天之时，约地之宜，忠人之和，故风雨时，五谷实，草木美多，六畜蕃息，国富兵强"。虽然"三才论"是到《吕氏春秋·审时》才被完整地正式提出，但《管子》已经明显具有"三才论"这种思想意识了。

二、适度取物、以时取物，可持续发展

孔子可持续发展思想的第一方面是主张适度索取。《论语·述而》记载："子钓而不纲，弋不射宿。"孔子钓鱼但不用网捕鱼，虽然射鸟但不射杀宿巢的鸟。因为用网捕鱼会"一网打尽"，大鱼小鱼都会被捕；而射杀窝中的鸟则会损伤鸟巢，大鸟小鸟都被打尽。又《史记·孔子世家》记载："孔子曰：'……刳胎杀夭则麒麟不至郊，竭泽涸渔则蛟龙不合阴

阳，覆巢毁卵则凤凰不翔'。"[1] 态度鲜明地反对对自然资源的过度利用和索取。《吕氏春秋·具备》记载了一个孔子赞赏"捕鱼抓大放小"的故事，"（孔子弟子宓子贱为亶父[2]地方官）三年，巫马旗[3]短褐衣弊裘而往观化于亶父。见夜渔者，得则舍之。巫马旗问焉，曰：'渔为得也，今子得而舍之，何也？'对曰：'宓子不欲人之取小鱼也。所舍者小鱼也。'巫马旗归，告孔子曰：'宓子之德至矣！使民暗行若有严刑于旁。敢问宓子何以至于此？'孔子曰：'丘尝与之言曰："诚乎此者刑乎彼"宓子必行此术于亶父也'"。这充分反映了孔子的保护自然资源、"取物不尽物"的适度索取可持续发展思想。

孔子可持续发展思想的第二方面表现为"以时取物"，即必须根据大自然的节奏，在适当的时候去"取"，为的就是能持续拥有自然资源，使其既满足人们需要又不至于枯竭。《孔子家语·刑政》记载："孔子曰：……果实不时，不粥于市；五木不中伐，不粥于市；鸟兽鱼鳖不中杀，不粥于市。凡执此禁以齐众者，不赦过也。"果实、树木、各种动物等，没有达到成熟、长大等相应的时候，不能拿到街上去卖。又《礼记·祭义》记载："曾子曰：'树木以时伐焉，禽兽以时杀焉。'夫子曰：'断一树，杀一兽，不以其时，非孝也。'"孔子这里不仅主张要在适宜的时节才能伐树杀兽，而且把这种行为跟"孝道"联系起来，把因时取物上升到中国传统文化里极为重视的"孝"的高度。

先秦名著《管子》对于自然资源的索取，也是主张适度原则，使其能够可持续利用。《管子·八观》说"山林虽近，草木虽美，宫室必有度，

---

[1] 司马迁. 史记（上）[M]. 北京：中国文史出版社,2003：348.

[2] 亶父即单父，春秋时鲁邑，在今山东省单县。

[3] 巫马旗，即孔子弟子巫马期。

禁发必有时，是何也？曰：大木不可独伐也，大木不可独举也，大木不可独运也，大木不可加之薄墙之上。故曰：山林虽广，草木虽美，禁发必有时；国虽充盈，金玉虽多，宫室必有度。江海虽广，池泽虽博，鱼鳖虽多，网罟必有正"。

《吕氏春秋》成书于公元前242—前239年之间，它不仅完整地提出了"三才论"这种具有生态系统性质的农学思想，还论述了适度取物的可持续发展思想。《吕氏春秋》对自然资源有很强的保护意识，主张适度取物，以便实现资源的可持续利用和社会的可持续发展。《吕氏春秋》鲜明地表达了自然资源的可持续利用思想，"竭泽而渔，岂不获得？而明年无鱼；焚薮而田，岂不获得？而明年无兽"；又"夫覆巢毁卵，则凤凰不至；刳兽食胎，则麒麟不来；干泽涸渔，则龟龙不往"。如果只是对现今有利，而不利于后世，那么这样的事则不能做，"天下之士也者，虑天下之长利，而固处之以身若也。利虽倍于今，而不便于后，弗为也"。《吕氏春秋·异用》还记载有一个生动的"网开三面"的动物保护故事，充分表明了适度取物的生态保护思想：

> 汤见祝网者，置四面，其祝曰："从天坠者，从地出者，从四方来者，皆离吾网"。汤曰："嘻！尽之矣。非桀，其孰为此也？"汤收其三面，置其一面，更教祝曰："昔蛛蝥作网罟，今之人学纾。欲左者左，欲右者右，欲高者高，欲下者下，吾取其犯命者。"

为了实现这种适度取物，使自然资源能够被可持续利用，《吕氏春秋》

制定了比较完善的以时禁伐措施。规定，只有在合适的时节才能对自然资源进行索取、采伐，其他时间则都予以封禁。

三、物尽其用、节用御欲、长虑顾后而保万世的可持续发展思想

儒家季圣荀子对于自然资源的利用主张物尽其用，提出了节用御欲、长虑顾后而保万世的可持续发展思想。首先，对于自然资源，荀子主张"物尽其用"。荀子说"万物同宇而异体，无宜而有用为人，数也"（《荀子·富国》）。即，同一天底下的自然万物形体各不相同，对人而言，没有固定的用处，但是各有各的用处，这是自然的客观规律。对于此，荀子提出了"物尽其用"思想，"天之所覆，地之所载，莫不尽其美，致其用，上以饰贤良，下以养百姓而安乐之，夫是之谓大神"（《荀子·王制》），天下所有的东西，都要充分发挥它们的优点、竭尽它们的效用，上用来装饰贤良的人，下用来养活百姓而使他们都安乐，这叫作大治。而这就是《诗经》所描绘的理想境地，"天作高山，大王荒之。彼作矣，文王康之"。怎样才算达到这样的理想境地呢？《荀子·王制》对此作了较详细的叙述：

北方产出快马和猎犬，然而中原地区能得到并畜养役使它们。南方产出羽毛、象牙、犀牛皮、曾青和丹砂，然而中原地区能得到并使用它们。东方产出粗细麻布、鱼和盐，然而中原地区能得到并制衣和食用。西方产出皮革和牦牛尾，然而中原地区能够得到并使用它们。所以渔民有足够的木材，山民有足够的鱼，农民不用砍伐、不用烧窑冶炼也有足够的器械用具，工匠和商人不用耕田也有足够的粮食。虎豹算是凶猛的了，但君子能够剥下它们的皮来使用。

其次，荀子还有"节用御欲、长虑顾后而保万世"的可持续发展思想。《荀子·荣辱》说：吃东西希望有肉食，穿衣服希望有华丽的纹彩锦绣，

行路希望有车马，又希望财富积蓄得很丰富，然而他们一年到头、世世代代都知道财务不足，这就是人之常情；所以现在人们活着，知道蓄养鸡狗猪，又蓄养牛羊，但是吃饭时却不敢有酒肉；钱币有余，又有粮仓地窖，但是穿衣却不敢穿绸缎；节约的人拥有一箱箱的积蓄，但是出行却不敢用车马。这是为什么呢？这并不是不想要，而是从长远考虑，为以后打算，害怕没有东西维持自己生活的缘故啊！于是又省吃俭用、抑制欲望、收聚财物、贮藏粮食以便继续维持以后的生活，这种为自己的长远打算和估计今后生活不是很好吗？"长虑顾后而保万世也"。这就是荀子在经济生活中的"节用御欲、长虑顾后而保万世"的可持续发展思想，要将当下和未来综合平衡考虑，既要保证当前的生活，也要保证未来甚至子孙后代的生活。荀子对于人们节制自己的欲望、节俭生活而且考虑将来的生活的做法是高度赞扬的，用"几不甚善矣哉"来评价，即"这难道不是非常好吗？""节用"不仅是人民大众应该做的分内事，同时它也是让一个国家富裕的必行政策，即"足国之道"。荀子在《富国》篇写道："足国之道，节用裕民，而善藏其余。节用以礼，裕民以政。彼裕民故多余，裕民则民富，民富则田肥以易；田肥以易则出实百倍。上以法取焉，而下以礼节用之。余若丘山，不时焚烧，无所藏之。夫君子奚患乎无余？故知节用裕民，则必有仁义圣良之名，而且有富厚丘山之积矣。此无它故焉，生于节用裕民也。"节约费用且让人民富裕，善于把多余的财富贮藏起来。老百姓富裕了，就会把田地治理好，而产出的粮食就会增长上百倍。那么多余的粮食就会堆积得像小山一样，就是有时被火灾烧掉了一些，也还是多得没地方贮藏。所以，富足如此，又何愁没有余粮呢？

对于不懂得"节用"、不考虑将来的，不论是国家统治者还是普通民众，荀子都给予严厉的批评，并指出了其严重后果。对于统治者，荀子说："不知节用裕民则民贫，民贫则田瘠以秽；田瘠以秽，则出实不半，上虽好取侵夺，犹将寡获也；而或以无礼节用之，则必有贪利纠謔之名，而且有空虚穷乏之实矣。此无它故焉，不知节用裕民也。"（《荀子·富国》）统治者不节用、不让老百姓富裕，那么老百姓就会种不好田；而种不好田，收成就会大大减少。这样，就是再怎么喜欢搜刮百姓也不会有很多财富。不仅会有贪婪爱搜刮的坏名声，还会真的使国家财力空虚。对于普通老百姓，荀子说："今夫偷生浅知之属，曾此而不知也，粮食大侈，不顾其后，俄则屈安穷矣，是其所以不免于冻饿，操瓢囊为沟壑中瘠者也。"《荀子·荣辱》）意思是说，那些苟且偷生、目光短浅的人，竟然连这种道理（节用御欲，长虑顾后）都不懂；他们过分地浪费粮食，不顾自己以后的生活，不久就将财物消费光，而使自己陷于困境。这就是他们不可避免挨饿受冻，拿着讨饭的瓢和布袋，而饿死在野外山沟中的原因。

第二节　人与自然和谐共生的绿色生活文化

在中华传统社会看来，人与自然是一个有机整体即"天人合一"，这既是世界既存的本来图景也是人们追求的最高境界和最终目标。人们在对"天人合一"的追求中，自然要求热爱大自然、众生平等、仁民爱物，从而达到人与自然和谐共生的理想状态。从对待自然的伦理关系看，道家和儒家略有不同，道家主张纯粹的万物平等与和睦共处，而儒家生态伦理观则体现为以人为本的和谐生态思想。对于生活消费，传统社会则一致主张节俭、适度消费的绿色生活方式。

一、万物平等，人与自然和睦共处

万物平等思想是庄子哲学的主要内容之一，我国晚清著名学者章太炎先生在《齐物论释》就论述了《庄子·齐物论》所讨论的平等问题。章太炎说：《齐物》者，一往平等之谈，祥其实义，非独等视有情，无所优劣，盖离言说相，离名字相，离心缘相，毕竟平等，乃合《齐物》之义。"[1]

庄子认为从"道"的角度来看，世间万物是没有高低贵贱之分的，是平等的。所谓高低贵贱都是由于人们相对于自己的主观看法而已，万物都以为自己贵而互相贱视跟自己不一样的，"以道观之，物无贵贱。以物观之，自贵而相贱。以俗观之，贵贱不在己"（《庄子·秋水》）。又"以道观之，何贵何贱？是谓反衍"（《庄子·秋水》）；从大道的角度看，有什么贵有什么贱呢？都是在向相反的方向演变罢了。不仅事物的贵贱是相对的，而且事物的任何属性，如大小、有无、对错、方向等等，都是相对而不是绝对的，"以差观之，因其所大而大之，则万物莫不大；因其所小而小之，则万物莫不小。知天地之为稊米也，知毫末之为丘山也，则差数睹矣。以功观之，因其所有而有之，则万物莫不有；因其所无而无之，则万物莫不无。知东西之相反而不可以相无，则功分定矣。以趣观之，因其所然而然之，则万物莫不然；因其所非而非之，则万物莫不非"（《庄子·秋水》）。庄子在《齐物论》篇用生动的例子来说明这种美丑价值因评判者不同而具有的相对性，庄子说："猿猵狙以为雌，麋与鹿交，鳅与鱼游。毛嫱、西施，人之所美；鱼见之深入，鸟见之高飞，麋鹿见之决骤。四者孰知天下之正色哉？自我视之，仁义之端，是非之

---

[1] 章太炎.章太炎学术史论集 [M].傅杰，编校.北京：中国社会科学出版社,1997：251.

涂，樊然殽乱，吾恶能知其辩！ ”猿猴把猵狙当妻子，麋鹿喜欢与鹿交配，泥鳅又喜欢与鱼相好。毛嫱和西施是人们公认的美女，可是鱼看见她们就吓得深潜到水里，鸟看见她们就吓得高飞入云，麋鹿看见他们就急速逃去。猿猴、麋鹿、泥鳅和人这四者，他们究竟谁才知道天下真正的美色呢？

天地间的万事万物，各有各的长处，谁也不比谁差，因此既不要轻视他物，也没有必要羡慕他物。一切都是平等的，一切都是"道"的造化所致，顺应自然就行。在《庄子·秋水》篇，庄子用寓言故事讲述了这个道理：

独脚兽夔羡慕名叫蚿的多足虫，蚿羡慕蛇，蛇羡慕风，风羡慕眼睛，眼睛羡慕心。

夔对蚿说："我用一只脚跳着行走，我不如你。现在你使用一万只脚，是如何使用这些脚的呢？ "

蚿说："你错了，你没有见过吐唾沫的情景吗？唾沫喷出时大得像珠子，小的如雾滴，混杂着落下，数都数不清。现在我依靠天然的本能而行，自己也不懂为什么能这样。"

蚿对蛇说："我用多只脚行走，却不如你没有脚走得快，为什么呢？ "

蛇说："我依靠天然的本能行走，怎么能改变呢？我哪里要有脚呢？ "

蛇对风说："我扭动我的脊柱和肋骨而行走，还是有脚的样子。现在你从北海呼呼地刮起来，又呼呼地吹入南海，就好像是没有一点形迹，为什么呢？ "

风说："是的，我从北海呼呼地刮起而吹入南海，但是人们用手指来指我就能胜我，用脚踢也能胜我。然而，折毁大树，吹散大屋，却只有我才能做到。"

《齐物论》篇有一段话已经具有了今天生态学上的意义。《庄子·齐物论》云："民湿寝则腰疾偏死，鳅然乎哉？木处则惴栗恂惧，猿猴然乎哉？三者孰知正处？民食刍豢，麋鹿食荐，蝍蛆甘带，鸱鸦耆鼠。四者孰知正味？"从生态学视角来看这段话，庄子的描述已经揭示了现代生态学中的生态位和生态食物链的关系。各种生物以不同的生态环境作为自己的居住和生活处所，并适应相应的环境；不同生物的食物也不相同。

庄子极为重视、热爱和珍惜人的生命，追求长生高寿，反对为外物如功业、名利等而牺牲性命。《庄子·骈拇》说："自三代以下者，天下莫不以物易其性矣。小人则以身殉利，士则以身殉名，大夫则以身殉家，圣人则以身殉天下。故此数子者，事业不同，名声异号，其于伤性以身为殉，一也。"《庄子·在宥》说："至道之精，窈窈冥冥；至道之极，昏昏默默。无视无听，抱神以静，形将自正；必静必清，无劳女形，无摇女精，乃可以长生。目无所闻，心无所知，女神将守形，形乃长生。"

对于人、生态环境、自然界中的万事万物，庄子都强调热爱和保护。《庄子·天地》说"爱人利物之谓仁"。《庄子·天下》说"泛爱万物，天地一体也"。《庄子·知北游》说："圣人处物而不伤物，不伤物者，物亦不能伤也。唯无所伤者，为能与人相将迎。山林与，皋壤与，使我欣欣然而乐与！"即人类应该与自然和谐相处，人们不去损伤自然万物，反过来自然也不会伤害人类；美好的山林、原野等自然环境是能够让我们欣欣然快乐的。前文已经讨论过，庄子是强调顺应自然，反对对自然界横加干涉和破坏的。《庄子·在宥》说："乱天之经，逆物之情，玄天弗成。解兽之群而鸟皆夜鸣，灾及草木，祸及止虫。意！治人之过也！"扰乱自然规律，违背万物的真实性情，自然的状态就不能保全；群兽离散，飞鸟夜鸣；殃及草木，祸及昆虫；这些都是那些要去治理自然的人的过错啊。

庄子所主张之"和"其实有两个方面，一是"与人和"，另一是"与天和"，这两个方面是相辅相成的。"人不和"则社会动乱，当然也就无从谈及保护自然环境；而"天不和"，即没有良好的生态环境、多自然灾难，社会也就不会安宁。《庄子·天道》说"夫明白于天地之德者，此之谓大本大宗，与天和者也。所以均调天下，与人和者也。与人和者，谓之人乐；与天和者，谓之天乐"。

庄子强烈要求人与自然和睦共处、共生共荣；追求人与自然和谐发展的思想，可以从他所描绘的"至德之世"中明显地体现出来。

《庄子·天地》云：至德之世，不崇尚贤才，不任用智能之士；君上如同高枝，人民如野鹿，行为端正却不知这是义，彼此相爱却不知这是仁，待人诚实却不知这是忠，办事合情理却不知这是信，顺从天性而动而互相扶助，却不知这是恩惠。因此行而无迹，事而无传。

《庄子·胠箧》云：你不知道至德之世吗？从前容成氏、大庭氏、伯皇氏、中央氏、栗陆氏、骊畜氏、轩辕氏、赫胥氏、尊卢氏、祝融氏、伏羲氏、神农氏，在那时代，人们结绳记事，吃的饭菜香甜，穿的衣服美观，生活习俗欢乐，居室安适，相邻的国家能互相看见，鸡鸣狗叫声互相听得见，人民之间从生到死互相不往来。像这样的时代，就是真正的太平。

《庄子·马蹄》云：故至德之世，人民行为迟重，朴拙无心。在那时候，山中没有路径通道，水上没有船只桥梁；万物众生，比邻而居；禽兽众多，草木滋长。因而禽兽可以牵引着游玩，鸟鹊的窠巢可以攀援上去窥望。

至德之世，和鸟兽同居，和万物一起生活，哪里有君子小人的区别呢？

《庄子·盗跖》云：和麋鹿一起生活，耕田而食，织布而衣，没有相互损害之心，这就是至德之隆也。

可见，庄子的"至德之世"都是有两个方面的和睦、和谐的：一是人与人之间的"和"，人们安居乐业，人心淳朴，"相爱""无有相害之心"；另一方面则是人类与自然的和睦共处，即所谓"同与禽兽居，族与万物并"。

但就人与自然的关系而言，很明显，庄子把人与自然看作是平等的，追求的是"天人合一"，完全没有要征服自然的意味。这在生态伦理学上是有重要意义的。相比西方，直到1923年，美国生态伦理学家奥尔多·利奥波德才提出大地伦理学的思想，把人和自然看作是平等的伙伴关系而不是征服和被征服、统治和被统治的关系。生态伦理学创始人之一罗尔斯顿说："放在整个环境中来看，我们的人性并非在我们自身内部，而是在于我们与世界的对话中。我们的完整性是通过与作为我们的敌手兼伙伴的环境的互动而获得的，因而有赖于环境相应地也保有其完整性。"[1]现代西方马克思主义的代表人物哈贝马斯在《合法化危机》中指出，现代人类面临的生态危机，包括外部自然生态的危机和内部自然生态的危机两个方面，前者导致自然生态平衡的破坏，后者导致人类学和人格系统的破坏[2]。因此，庄子的"和合"思想对解决目前人类所遇到的生态危机是很有帮助的。

二、以人为本的和谐生态伦理观

儒家对待人与自然关系的态度主要体现为以人为本的和谐生态伦理

---

[1] 霍尔姆斯·罗尔斯顿. 哲学走向荒野 [M]. 刘耳，叶平，译. 长春：吉林人民出版社，2000：92-93.

[2] 樊浩. 伦理精神的价值生态 [M]. 北京：中国社会科学出版社，2001：16.

观，而儒家思想是中国传统社会的主流和正统思想，所以中国传统生态伦理思想也就主要表现为以人为本的和谐生态伦理观，该思想的内容概言之就是：以人为本，热爱万物，和谐共生。

（一）以人为本和谐生态伦理观的提出

儒家创始人孔子提出了以人为本和谐生态伦理观的雏形。孔子是一位伟大的人本主义者，"仁"是他的思想的核心内容，而"仁"就是"爱人"，"樊迟问仁。子曰：'爱人'"（《伦语·颜渊》）。孔子把人和人的价值地位看作是第一位的，《论语·乡党》记载："厩焚。子退朝，曰：'伤人乎？'不问马。"马棚起火被烧了，人和牲畜都有可能受到伤害，但孔子只是关心人而不问牲畜（马）。又，"子贡欲去告朔之饩羊。子曰：'赐也！尔爱其羊，我爱其礼'"（《论语·八佾》）。这些都充分表明了孔子的人本主义思想。但是，孔子在对待人与自然的关系时，并不是西方文明所主张的那种人与自然是分离对立、人类要征服掠夺自然的"人类中心主义"，孔子的生态伦理思想可以概括为以人为本的人与自然和谐发展观，即"泛爱众而亲仁"（《论语·学而》）向自然界的推广。

对于自然界，孔子主张"乐山乐水"、热爱大自然，拥有与自然万物和谐共生的生态情怀。《论语·雍也》记载："子曰：'知[1]者乐水，仁者乐山。知者动，仁者静。智者乐，仁者寿。'"对于自然界的各种动植物、山川河流等，孔子主张多了解认识，爱护保护它们。孔子叫他的学生学《诗》，以便多认识些鸟兽虫木，"小子何莫学夫诗？诗，可以兴，可以观，可以群，可以怨。迩之事父，远之事君。多识于鸟兽草木之名"（《论语·阳货》）。对于好马，孔子称其有德，赋予人的品质，凸显出孔子对动物的

---

[1]"知"通"智"，聪明。

关爱，"骥不称其力，称其德也"（《论语·宪问》）。《论语·乡党》还记载了一个孔子及其弟子对山中鸟儿表示友好热爱的故事，"色斯举矣，翔而后集。曰：'山梁雌雉，时哉时哉！'子路共之，三嗅而作"。意思是：孔子与其弟子在山中行走，遇见一群野鸡，抬头一看，眼色动了动，野鸡就飞起盘旋一阵然后又集体停在一处。孔子说："山梁中的雌野鸡啊，时哉时哉！"子路也向它们拱拱手，接着这群野鸡振振翅膀又飞走了。孔子的生态思想，即使在现今社会也是有重要价值和重大影响的，1988年1月，七十五位诺贝尔奖获得者在巴黎开会结束时呼吁："如果人类要在二十一世纪生存下去，必须回顾二千五百年，去吸取孔子的智慧。"[1]

儒家亚圣孟子正式提出了以人为本和谐生态伦理观，即"仁民爱物"的生态伦理观。孟子，名轲，战国中期杰出的儒学大师，中国古代著名的思想家、教育家，在儒家的地位仅次于孔子，与孔子合称"孔孟"。孟子继承和发扬了孔子的思想，主张行仁政，以德治天下。在涉及人与自然关系的问题上，孟子把孔子的"泛爱众而亲仁"的思想做了进一步的具体深化和阐明，提出著名的"仁民爱物"的生态伦理观。现代生态伦理学的创始人之一——法国著名思想家阿尔贝特·史怀泽(Albert Schweitze) 重视孟子的生态伦理观，他说："属于孔子（公元前 522—前 479) 学派的中国哲学家孟子，就以感人的语言谈到了对动物的同情。"[2] 在人与自然万物的伦理关系中，孟子跟孔子是一脉相承，是一位伟大的人本主义者，主张以人为本的人与自然和睦共生的和谐生态伦理。

关于人之本性，孟子提出了著名的人性之先验"性善论"，即认为

---

[1] 姜小川.科学发展观与和谐社会 [M].北京：中国法制出版社,2009：3.
[2] 阿尔贝特·史怀泽.敬畏生命 [M].陈泽环，译.上海：上海社会科学院出版社,1992：72.

人的本性原本就是善良的。然后，孟子主张把人的善良的本质不断发扬光大，并且以自己为中心，由己及人再及物，把这种"善"推广到天地万物。孟子说"人性之善也，犹水之就下也。人无有不善，水无有不下。今夫水，搏而跃之，可使过颡；激而行之，可使在山。是岂水之性哉？其势则然也。人之可使为不善，其性亦犹是也"（《孟子·告子上》）。人性的善良，就好比水性的向下流；人没有不善良的，水没有不向下流的。人之所以会做坏事，是由形势所迫罢了。孟子说"人皆有不忍人之心。……所以谓人皆有不忍人之心者，今人乍见孺子将入于井，皆有怵惕恻隐之心——非所以内交于孺子之父母也，非所以要誉于乡党朋友也，非恶其声而然也"（《孟子·公孙丑上》）。人人皆有同情心，之所以说人人皆有同情心，道理就在于：现在忽然看见一个小孩子就要掉到井里去了，每个人都会有惊骇、同情、怜悯的心情；这种心情是自发的，不是为了讨好孩子的父母，不是为了获得好名声，也不是因为讨厌孩子的哭声。人性的"善"是先验的，而且人人都具有这种先验的"善"，"恻隐之心，人皆有之；羞恶之心，人皆有之；恭敬之心，人皆有之；是非之心，人皆有之"（《孟子·告子上》）；又"人之所不学而能者，其良能也；所不虑而知者，其良知也。孩提之童，无不知爱其亲者，及其长也，无不知敬其兄也"（《孟子·尽心上》）。

在确定人性善良的本质后，孟子要求由己及人再及物把这种"善"逐步往外推。对天下民众，孟子要求"老吾老，以及人之老；幼吾幼，以及人之幼"（《孟子·梁惠王上》）。接着，孟子便把这种"仁爱"由人推广到天地间的自然万物，即著名的"仁民爱物"生态伦理思想。孟子说"君子之于物也，爱之而弗仁；于民也，仁之而弗亲。亲亲而仁民，仁民而爱物"（《孟子·尽心上》）。宋代著名儒学家朱熹解释，"物"为"禽兽草木"；"爱"为"取之有时，用之有节"[1]。语意解释得疏宽恰当、精练准确。这里的"仁爱"是有等级差别的，对"亲人"要"亲"，对"民众"要"仁"但不要"亲"，对"物"要"爱"但不要"仁"。"亲""仁""爱"是孟子"仁爱"观里价值等级由高到低逐渐降级的三种不同层次，这样孟子的"仁爱"思想便由对人的"亲、仁"逐步扩展到对万物的"爱"。这既是对孔子开创的"泛爱众而亲仁"思想的继承和发展，也是针对墨家"爱无等差"主张的批驳。据《孟子·滕文公上》记载，一次，墨家的信徒夷之想去拜见孟子，夷之把儒家主张的"若保赤子"（意即君王爱护民众就像爱护婴儿一样）理解为"爱无等差，施由亲起"（意即人与人之间并没有亲疏厚薄的区别，只是实行起来从父母亲开始），孟子对此进行了批驳、解释。"仁民爱物"这个命题正是对儒家之爱的进一步解释[2]。正因为主张要"爱"天地间的自然万物，孟子对齐宣王不忍杀牛祭祀而赞赏，说这就是"仁术"；孟子接着感慨道："君子之于禽兽也，见其生，不忍见其死；闻其声，不忍食其肉。是以君子远庖厨也。"（《孟子·梁惠王上》）

不过，在人与自然万物的伦理关系中，人的价值地位始终是处于第一位的。孟子的生态伦理是以人为本的和谐生态伦理，人本观念是孟子生态伦理的一个显著特点。孟子对于齐宣王恩及禽兽却没有行仁政关爱百姓表示诘问和不满，孟子两次反问，"今恩足以及禽兽，而功不至于百姓者，独何与？"（《孟子·梁惠王上》）。孟子对于统治者重视爱护马

[1]朱熹.四书集注[M].长沙：岳麓书社,1987：519.
[2]任俊华，刘晓华.环境伦理的文化阐释——中国古代生态智慧探考[M].长沙：湖南师范大学出版社,2004：179.

之类的动物却不管人民大众死活的做法更是深恶痛绝，进行严厉的批评和抨击，"狗彘食人食而不知检，途有饿莩而不知发"，"庖有肥肉，厩有肥马，民有饥色，野有饿莩，此率兽而食人也。兽相食，且人恶之；为民父母，行政，不免于率兽而食人，恶在其为民父母也？仲尼曰："始作俑者，其无后乎！'为其象人而用之也。如之何其使斯民饥而死也？"（《孟子·梁惠王上》）。

（二）以人为本和谐生态伦理观的发展与成熟

在孔孟提出以人为本和谐生态伦理观即"仁民爱物"的生态伦理观之后，中国传统社会在对待自然万物的态度上基本都是照此进行。在孔孟之后的中国传统社会里，人们除了继承和发扬孔孟"仁民爱物"生态伦理观的核心思想外，在内容上还有一定的发展和扩充。

1. 以人为本和谐生态伦理观在汉代的传承与发展

首先我们来谈谈汉代名著《淮南子》对以人为本和谐生态伦理观的发扬与拓展。《淮南子》撰写于景帝一朝后期，汉武帝即位之初被递交皇室，它以道家的老庄思想为主，同时吸取各家之长，兼收儒家、名家、法家和阴阳家的思想，它集中体现了我国汉朝文景之治时的社会主流思想意识。《淮南子》的内容包罗万象，"宇宙自然，天文律历、阴阳五行、地理时令、世俗人生、治乱祸福、主术兵略、养生保真以及相关的诡异瑰奇之事无不罗列，有关哲学、政治学、史学、伦理学、天文学、自然科学、军事战略学等先民思想精华无不萃集"[1]。东汉高诱说"鸿，大也；烈，明也，以为大明道之言也"，"学者不论《淮南》，则不知大道之深也"[2]。

---

[1] 赵宗乙.淮南子译注上 [M].孟庆祥，译注.哈尔滨：黑龙江人民出版社,2003：前言 1.
[2] 刘文典.淮南鸿烈集解上 [M].冯逸，乔华，点校.北京：中华书局,1989：叙目 2.

尽管《淮南子》以老庄思想为主，但由于它兼收各家之长，在人与自然伦理关系的主张方面却与儒家的"仁民爱物"生态伦理观一脉相承。

尊重生命，爱护人类，以人为本，是《淮南子》生态伦理思想的鲜明主题之一。《淮南子》认为"蚑行喙息，莫贵于人"（《淮南子·天文训》），"烦气为虫，精气为人"（《淮南子·精神训》），这也反映出了《淮南子》对人类自身的尊敬的态度，也为其人本思想做了理论铺垫。

《淮南子》的人本思想主要表现为：《淮南子》认为懂得人道和热爱人类自身是作为智者和仁者的必要条件，只要是缺少了关怀"人"自身这个因素，不管知道得再多，抑或热爱的事物再广，都不能算是"智者"和"仁者"。《淮南子·主术训》说"遍知万物而不知人道，不可谓智。遍爱群生而不爱人类，不可谓仁。仁者，爱其类也；智者，不可惑也"。又，《淮南子·泰族训》说"所谓仁者，爱人也；所谓知者，知人也"。我们知道，在中国传统文化里"智者"和"仁者"是为数不多的带有最高褒奖含义概念中的其中两个，是人们学习和修炼的理想境界，《淮南子·主术训》也如是说，"凡人之性，莫贵于仁，莫急于智。仁以为质，智以行之。两者为本"。又，《淮南子·泰族训》说"故仁知，人材之美者也"。现在，《淮南子》把对人类的关怀和热爱赋予并内化为这两个概念的必须内容，这就表明了《淮南子》思想中的以人为本的价值观取向。对于那种"贫民糟糠不接于口，而虎狼熊罴狍豢"（《淮南子·主术训》），不关爱人民百姓的行为，《淮南子》是深恶痛绝的，将其称之为"衰世"。

《淮南子》的以人为本思想，还表现为对人生命的敬重和珍惜，以及对占用身外之物的淡漠。《淮南子·精神训》说："尊势厚利，人之所贪也。使之左据天下图而右手刎其喉，愚夫不为。由此观之，生尊于天下也。"这里说明了，人的生命是比拥有整个天下更珍贵的。又，《淮南子·诠言训》说："身以生为常，富贵其寄也。"身体以生命为最高目的，金钱富贵只是附带的东西。

另外，《淮南子》还有天人感应的思想，即认为人与自然界是相通的，是能够相互感应到的。当然，人对天的感应是常识，任何一种活着的生物都能感知周围的环境变化，并且做出相应的反应。这里，主要讲的是自然之天对人的感应。《淮南子·主术训》云"天气为魂，地气为魄，反之玄房，各处其宅。守而勿失，上通太一。太一之精，通于天道"。又，《淮南子·天文训》云"蚑行喙息，莫贵于人。孔窍肢体，皆通于天"。上天能够感应到人，对人的不同行为做出不同的反应。一般说来，如果人们胡作非为，违背自然规律，祸害人民，损害天下苍生，那么，上天就会惩罚人类，降灾祸于人间或显示异常现象警示人们；如果人们至精至诚、遵守天道，那么也能感动上天，能得到天的帮助。总之，"天"是起着一种最终的赏善罚恶作用，是终极的是非评判者，是最终的正义行使者。

例如，国家政令失常，社会混乱就会出现各种自然灾难或异常现象，"人主之情，上通于天，故诛暴则多飘风，枉法令则多虫螟，杀不辜则国赤地，令不收则多淫雨。四时者，天之吏也；日月者，天之使也；星辰者，天之期也；虹蜺彗星者，天之忌也"（《淮南子·天文训》）；又，"君臣乖心，则背谲见于天"（《淮南子·览冥训》）。如果违反自然规律，祸害天下苍生，就会自然灾害连绵不断，"逆天暴物，则日月薄蚀，五星失行，四时干乖，昼冥宵光，山崩川涸，冬雷夏霜。诗曰：'正月繁霜，我心忧伤'。天之与人有以相通也。故国危亡而天文变，世惑乱而虹蜺见，万物有以相连，精祲有以相荡也"（《淮南子·泰族训》）。

　　而反过来，如果心怀天下，精诚守道，上天就会帮助人，降祥瑞于人间，使风调雨顺，五谷丰登，万物欣欣然，"故圣人者怀天心，声然能动化天下者也。故精诚感于内，形气动于天，则景星见，黄龙下，祥凤至，醴泉出，嘉谷生，河不满溢，海不溶波。故诗云：'怀柔百神，及河峤岳'"（《淮南子·泰族训》）。又，"汤之时，七年旱，以身祷于桑林之际，而四海之云凑，千里之雨至。抱质效诚，感动天地"（《淮南子·主术训》）。那些精诚守道，全性保真的人，在个人遇到危难时，上天也会及时相助，"武王伐纣，渡于孟津，阳侯之波，逆流而击，疾风晦冥，人马不相见。于是武王左操黄钺，右秉白旄，瞋目而撝之，曰：'余任，天下谁敢害吾意者！'于是风济而波罢。鲁阳公与韩构难，战酣日暮，援戈而撝之，日为之反三舍。夫全性保真，不亏其身，遭急迫难，精通于天"（《淮南子·览冥训》）。而且，上天对人的感应没有身份地位的要求，只要人们诚心诚意、依循天道，无论身份地位贵贱与否都能感动上天。

　　在天对人的感应过程中，"气"是媒介，天正是通过"气"来感应到人的，"天地之合和，阴阳之陶化万物，皆乘人气者也。是故上下离心，气乃上蒸，君臣不和，五谷不为"（《淮南子·本经训》）。在《淮南子》中，能够与大自然相通并非人的专利，动物和其他自然物也能感动天，引起自然反应，如，"虎啸而谷风至，龙举而景云属，麒麟斗而日月食，鲸鱼死而彗星出，蚕珥丝而商弦绝，贲星坠而勃海决"（《淮南子·天文训》）。客观地说，《淮南子》所述的天对人的感应现象是带有神话色彩的，用今天的眼光来看，是没有科学根据的；但是，由于他把"天"定位成一个至高无上的正义评判和维护者，执行着赏善罚恶的职能，能够对人们的行为起到一定的规范和威慑作用，也能够对人类社会的和谐发展和人与自然的和谐相处起到一定的促进作用，因而也是具有一定积极意义的。

其次，我们再来谈谈汉代大儒董仲舒对以人为本和谐生态伦理观的继承与发展。董仲舒（公元前179—前104），汉代哲学家、思想家和政治家，广川人（今河北省景县）。在中国思想史乃至文化史上，董仲舒可以称得上是一位时代界标式人物[1]。我们知道，春秋战国时期的思想界是诸子并起，百家争鸣；历经秦代短暂统一的法家治国，到汉朝初年，虽然文、景帝崇尚道家的无为之治，但社会上的各个学派争鸣之势早已复兴。元光元年（前134），汉武帝下诏征求治国方略，董仲舒在其著名的《举贤良对策》（又称《天人三策》）中系统地提出了"天人感应""大一统"学说和"罢黜百家，独尊儒术"的主张。此主张得到汉武帝的推崇和采纳，孔孟儒学从此便从诸子百家中凸显出来，跃居独尊的地位，成为了此后几千年里中华民族传统精神的主干。另外，董仲舒吸收先秦诸子的正确思想，融入儒学体系，形成适应中国中央集权制度的新儒学——经学。董仲舒成为经学大师，"为群儒首"。他的思想成为汉代的统治思想，影响中国政治达两千年[2]。虽然董仲舒的思想理论主要是为社会政治服务的，但是，董仲舒是一位划时代的大哲学家，他的思想内容包罗万象，其中有一部分就论及到人与自然的关系。董仲舒对孔孟的以人为本和谐生态伦理观除了继承和发展其本质核心外，在内容上还有新的拓展和增加。

董仲舒的生态伦理思想主要观点是：人为天下贵，对于自然万物，人应当遵循天道，泛爱群生；而且天还是最终评判者，行使赏善罚恶之职。当然，该生态伦理思想是有世界观前提的，在董仲舒的眼里世界图景是

---

[1] 邓红.董仲舒的春秋公羊学[M].北京：中国工人出版社,2001：序二.
[2] 周桂钿.董仲舒评传——独尊儒术奠定汉魂[M].南宁：广西教育出版社,1995：前言1.

这样的：天为至尊，生养了包括人类在内的万物，但人为天下最贵，而且天人相类、天人相通、天人感应，人应当追求和达成"天人合一"的理想。我们来详细谈谈董仲舒的生态伦理观。董仲舒认为，上天按照自己的模样创造了人类，人类是上天管理自然万物的代理人，"人受命于天"（《春秋繁露》中多处这样叙述）。人类作为一个整体是"人受命于天"的，不过董仲舒认为"天"并不是受命到每一个具体的人，天在人类中间挑选了一个代理人——天子（即皇帝、王者），唯有天子才是直接受命于天的，其他人受命于天子。《春秋繁露·为人者天》说"唯天子受命于天，天下受命于天子"。又，《春秋繁露·王道通三》说："古之造文者，三画而连其中，谓之王。三画者，天、地与人也，而连其中者，通其道也。取天地与人之中以为贯而参通之，非王者孰能当是？"再又，《春秋繁露·立元神》说"君人者，国之元，发言动作，万物之枢机。枢机之发，荣辱之端也。失之毫厘，驷不及追"。由此可见，上天真正委托管理天下苍生的代言人是天子；天子是直接受命于天的，其他人是通过天子而间接受命于天的，通过天子之手来管理人类，再通过人类来管理自然万物。这种层层递进关系，《春秋繁露·顺命》作了详细的论述："天子受命于天，诸侯受命于天子，子受命于父，臣妾受命于君，妻受命于夫。诸所受命者，其尊皆天也，虽谓受命于天亦可。"

既然人是受命于天的，那么人的道德、行为等就必须要符合上天所规定的准则，即人类行事必须要"法天道"，"顺天命"。《春秋繁露·王道通三》说"王者唯天之施，施其时而成之，法其命而循之诸人，法其数而以起事，治其道而以出法，治其志而归之于仁"。那么天道、天命是怎么样的呢？《汉书·董仲舒传》说"天道之大者在阴阳。阳为德，阴为刑；刑主杀而德主生。是故阳常居大夏，而以生育养长为事；阴常居大冬，而积于空虚不用之处。以此见天之也"。天道是"任德不任刑"，主生不主杀，仁爱天下众生，所以作为天的代言人——王者，就必须法天道，也应该"任德教而不任刑"，制定的政策法规以仁爱天下众生为主。"王者承天意以从事，故任德教而不任刑。刑者不可任以治世，犹阴之不可任以成岁也。为政而任刑，不顺于天，故先王莫之肯为也。今废先王德教之官，而独任执法之吏治民，毋乃任刑之意与！孔子曰：'不教而诛谓之虐'。虐政用于下，而欲德教之被四海，故难成也。"（《汉书·董仲舒传》）又，《汉书·董仲舒传》说："天者群物之祖也，故遍覆包函而无所殊，建日月风雨以和之，经阴阳寒暑以成之。圣人法天而立道，亦溥爱而亡私，布德施仁以厚之。"上天"遍覆包函而无所殊"，即无私地养育万物；而作为人君的"圣人"也要效法天道，做到"溥爱而亡私，布德施仁以厚之"，广施仁德，无私心地爱护天下众生。《春秋繁露·离合根》说："天高其位而下其施……下其施，所以为仁也……故位尊而施仁，藏神而见光者，天之行也。"又，《春秋繁露·王道通三》说"仁之美者在于天，天仁也"。可见，"仁"是天道的主要组成部分，作为人主的天子，必须要法天而行仁道。《春秋繁露·离合根》说"故为人主者，法天之行……泛爱群生，不以喜怒赏罚，所以为仁也"。又，《春秋繁露·王道通三》说"人之受命于天也，取仁于天而仁也"。

通过上面的分析可以知道，因为"仁"本身就是天道的重要组成部分，因此君王要法天道，就必须要讲仁义，推行仁政。而"仁"正是儒家思想的核心内容之一。儒家的开山祖师孔子首先就将"仁"作为核心内容纳入了自己的思想体系，孔子的"仁"主要是爱人类。《伦语·颜渊》记载：

"樊迟问仁。子曰：'爱人。'"儒家的亚圣孟子将"仁"的内涵由单独对人类的爱扩展到自然万物，他的著名论述是："君子之于物也，爱之而弗仁；于民也，仁之而弗亲。亲亲而仁民，仁民而爱物。"（《孟子·尽心上》）董仲舒先生的"仁"是对先秦儒家"仁"的内涵的继承和发扬，他的"仁"也是不仅要爱人类，还要爱天地间的万事万物，即"泛爱群生，不以喜怒赏罚"。董仲舒在《春秋繁露·仁义法》篇对仁的内涵作了清晰而著名的说明，他说："质于爱民，以下至于鸟兽昆虫莫不爱。不爱，奚足谓仁？"可见，董仲舒的"仁"的内涵是明确包括爱人类，以及爱代指天下万物的"鸟兽昆虫"的。

董仲舒描述的理想社会蓝图除了人与人之间和睦相处、人们安居乐业之外，还有包括人与自然之间的和谐相处。《春秋繁露·王道》说"道，王道也。王者，人之始也。王正则元气和顺、风雨时……五帝三王之治天下，不敢有君民之心。什一而税，教以爱，使以忠，敬长老，亲亲而尊尊，不夺民时，使民不过岁三日，民家给人足，无怨望忿怒之患，强弱之难，无谗贼妒疾之人。民修德而美好，被发衔哺而游，不慕富贵，耻恶不犯。父不哭子，兄不哭弟。毒虫不螫，猛兽不搏，抵虫不触。故天为之下甘露，朱草生，醴泉出，风雨时，嘉禾兴，凤凰麒麟游于郊"。理想的太平社会包括人与自然的和谐发展，即"毒虫不螫，猛兽不搏，抵虫不触。故天为之下甘露，朱草生，醴泉出，风雨时，嘉禾兴，凤凰麒麟游于郊"。《汉书·董仲舒传》也说"为人君者，正心以正朝廷，正朝廷以正百官，正百官以正万民，正万民以正四方。四方正，远近莫敢不壹于正，而亡有邪气奸其间者。是以阴阳调而风雨时，群生和而万民殖，五谷孰而草木茂，天地之间被润泽而大丰美，四海之内闻盛德而皆徕臣，诸福之物，可致之祥，莫不毕至，而王道终矣"。又，《汉书·董仲舒传》说"古以大治，上下和睦，习俗美盛，不令而行，不禁而止，吏亡奸邪，民亡盗贼，囹圄空虚，德润草木，泽被四海，凤凰来集，麒麟来游"。由此可见，自然界各种生物的繁荣昌盛与生态环境的和谐美好是理想社会不可或缺的一部分，使"风雨时，群生和而万民殖，五谷孰而草木茂，天地之间被润泽而大丰美""德润草木，泽被四海，凤凰来集，麒麟来游"是君王的责任之一。总之，上天受命于天子，就是让天子把天下管理好，天子应当行仁政，泛爱群生，要让百姓安居乐业，要让天下的群生繁荣昌盛，要让生态环境和谐美好，使人类与自然万物都繁荣昌盛。

　　天还扮演着一个重要的最终评判者角色，行使赏善罚恶之职。上天的赏善罚恶是面对天下苍生的，但是，最主要的约束对象还是作为上天代言人的人类最高统治者——天子。广大人民群众都在君王的统治之下，对他的约束，也就是对人类的约束。董仲舒认为，对于有道的君王，上天是予以奖赏和鼓励的，表现为没有灾害，风调雨顺，天降祥瑞到人间。《春秋繁露·同类相动》说："帝王之将兴也，其美祥亦先见……尚书传言：'周将兴之时，有大赤鸟衔谷之种，而集王屋之上者，武王喜，诸大夫皆喜。周公曰：茂哉！茂哉！天之见此以劝之也。'"又，《春秋繁露·郊语》说"天下和平，则灾害不生"。而对于无道的君王，上天是先降灾害予以警告，如果不知反省悔改，则出灾异予以威慑，如果还是不知反省悔改，则灭之，并重新选择代言人。《汉书·董仲舒传》说："国家将有失道之败，而天乃先出灾害以谴告之，不知自省，又出怪异以警惧之，尚不知变，而伤败乃至。以此见天心之仁爱人君而欲止其乱也。自非大亡道之世者，天尽欲扶持而全安之，事在强勉而已矣。"又，《春秋繁露·必仁且知》说："灾者，天之谴也；异者，天之威也。谴之而不知，乃畏之以威。……凡灾异之本，尽生于国家之失。国家之失乃始萌芽，而天出灾害以谴告之；谴告之而不知变，乃见怪异以惊骇之，惊骇之尚不知畏恐，其殃咎乃至。以此见天意之仁，而不欲陷人也。"上天会对君王进行惩罚，归纳起来可以说是主要由于两个方面的过失，一是不能维护人与人之间的安定团结，不能使人民安居乐业，表现在君臣失和、骄奢淫逸、搜刮老百姓、暴虐好杀等，使天下民不聊生；二是破坏了自然环境，使天下群生遭殃、生态环境失衡等。《春秋繁露·五行五事》说："王者与臣无礼，貌不肃敬，则木不曲直，而夏多暴风。……王者言不从，则金不从革，而秋多霹雳。……王者视不明，则火不炎上，而秋多电。……王者听不聪，则水不润下，而春夏多暴雨。……王者心不能容，则稼穑不成，而秋多雷。"我们再来看看桀纣灭亡时的极度奢侈淫逸、人神共愤的暴政，对人民的摧残和对自然万物的破坏，"桀纣皆圣王之后，骄溢妄行。侈宫室，广苑囿，穷五采之变，极饬材之工，困野兽之足，竭山泽之利，食类恶之兽。夺民财食，高雕文刻镂之观，尽金玉骨象之工，盛羽旄之饰，穷白黑之变。深刑妄杀以陵下，听郑卫之音，充倾宫之志，灵虎兕文采之兽。以希见之意，赏佞赐谗。以糟为邱，以酒为池。孤贫不养，杀圣贤而剖其心，生燔人闻其臭，剔孕妇见其化，斩朝涉之足察其拇，杀梅伯以为醢，刑鬼侯之女取其环。诛求无已，天下空虚，群臣畏恐，莫敢尽忠，纣愈自贤。周发兵，不期会于孟津者八百诸侯，共诛纣，大亡天下"（《春秋繁露·王道》）。"侈宫室，广苑囿，穷五采之变，极饬材之工……夺民财食，高雕文刻镂之观，尽金玉骨象之工，盛羽旄之饰，穷白黑之变。……听郑卫之音，充倾宫之志，灵虎兕文采之兽。以希见之意，赏佞赐谗。以糟为邱，以酒为池"，这是过分的奢侈淫逸。"深刑妄杀以陵下……孤贫不养，杀圣贤而剖其心，生燔人闻其臭，剔孕妇见其化，斩朝涉之足察其拇，杀梅伯以为醢，刑鬼侯之女取其环"，这是让人人神共愤的暴政，是对天下民众的摧残。"困野兽之足，竭山泽之利，食类恶之兽"，这是对自然界生灵的摧残和对自然环境的破坏。正因为桀纣使天下百姓遭殃，使自然万物涂炭，所以上天便叫他灭亡，"大亡天下"。

总而言之，如果君王效法天道行仁政，泛爱群生，保护生态环境，不仅能使百姓安居乐业，还能使禽兽草木等自然万物欣欣向荣、繁荣昌盛，达到人与自然和谐发展的美好境界，上天就会降祥瑞到人间，出现"元气和顺、风雨时，景星见，黄龙下……天为之下甘露"（《春秋繁露·王道》）的美好景象。否则，如果君王无道，致使民不聊生，天下生灵涂炭，虫鱼鸟兽、花草树木等自然生态环境遭到严重破坏，上天就会"上变天，贼气并见"（《春秋繁露·王道》）予以警告，如果君王还不知悔改，上天就会让其"大亡天下"，改朝换代。

董仲舒在他的学说里把天建构为最高的神，天创造了包括人类在内的宇宙间的所有事物，天是宇宙间最尊贵的，为百神之君。天在创造万物的过程中，对人类是特别钟爱的，因为人类是上天根据自己的模样创造的，因此人类具有高于万物的品性，是上天安排的用来管理世间万物的代言人，其地位仅次于天和地，为天地万物间最尊贵的，是可与天地参的。天、地、人共同组成万物之本。人类是上天安排的用来管理世间万物的代言人，是受命于天的，因此人类必须遵循天道。这个受命主要是通过人类的最高领导——天子来实现的，天子直接受命于天，天下受命于天子，间接受命于天。天道是仁慈的，生养万物，"任德不任刑"，因此人君必须行仁政，泛爱群生，必须维护和保持包括人类在内的世间万物的和睦与繁荣。世间的其他万物是上天用来供养人类的，破坏毁灭他们就是在毁灭人类。上天是最高的神，还担当着赏善罚恶的最终审判者角色，如果某位君王不遵守天道，不行仁政，让天下民不聊生，使自然万物和生态环境惨遭毁灭破坏，那么上天就会出灾害警告他；如果不知悔改，就降灾异惊骇他；如果还是不知反省悔改，上天就会灭亡他，然后重新选择天子。

董仲舒的这套理论，用今天的眼光来看，虽然其主要理论是属于神话色彩的，没有多少科学依据；但是，它在维护人类社会稳定和谐，在保护生态环境可持续发展方面却是有积极作用的。爱人、爱护天地间的所有生灵以及爱护生态环境，成为了人们追求的理想道德目标，即"仁者"。而且，在人类的头顶上还有天这个最高的神在注视着人类的行为举动，如果有人敢做出伤天害理，危害众生的事，即使是贵为人君的王者，上天也会叫他灭亡。这就在人们的心里给了一个无形的法规标准，时时刻刻约束、威慑着人们，使人们不敢破坏自然环境，自觉维护人与人、人与自然的和睦相处，使人与自然和谐发展，共同进化。

关于董仲舒的生态思想，当今有些学者进行了研究。著名学者刘湘溶先生认为，董仲舒的理论，字里行间闪烁出光彩夺目的生态伦理思想；这些思想虽然产生在二千一百多年前的古代中国社会，但对当今世界和中国的生态保护，仍有重要的参考价值和借鉴意义[1]。学者黄孔融认为，董仲舒的哲学思想蕴含着跨越时代的合理因素和历史价值，其中表现出来对自然界和自然规律的尊重，对人类社会和生态环境的思考有其积极

[1] 刘湘溶，任俊华.论董仲舒的生态伦理思想[J].湖湘论坛,2004(1):38-40.

的一面, 我们能从中看到与当代生态哲学思想相契合的一面; 重新认识和研究它们, 有助于我们反思当今生态环境问题的实质, 有助于弥补现代生态伦理构建中思维方式的不足, 可以为改变人们的生活方式和思维方式提供理论基础 [1]。学者丁东风认为, 董仲舒思想所阐发的理论和观点以及其思考问题的方法对理解和解决现实社会生态问题依然有着深刻的启示 [2]。学者陈豪珣认为, 董仲舒从宗教神学的宇宙观高度, 对人与自然的关系给予终极关怀 [3]。

　　董仲舒的生态思想在今天仍是有积极意义的, 能够为解决当今的生态危机, 实现人与自然的和谐发展从哲学上提供借鉴和参考。我们应当取其精华弃其糟粕, 使祖先留给我们的宝贵思想财富为现今的社会发展服务。

　　2. 以人为本和谐生态伦理观在宋代的成熟

　　宋代大儒朱熹在传承孔孟"仁民爱物"即以人为本和谐生态观的基础上, 又对其进行了进一步的丰富和发展。朱熹 (1130.9.15—1200.3.9) 祖籍徽州婺源 (今江西省婺源县), 生于尤溪 (原属南剑州今属福建省三明市), 字元晦、仲晦, 号晦庵、晦翁、遁翁、逆翁, 别号考亭先生、紫阳先生、云谷老人、沧州病叟。南宋著名的理学家、思想家、哲学家、教育家、诗人, 闽学派的代表人物, 世称朱子, 是继孔子、孟子以来最杰出的弘扬儒学的大师。朱熹是理学的集大成者, 中国封建时代儒家的主要代表人物之一。他的学术思想, 在南宋中后期、元朝、明朝、清朝四代将近千年的传统社会里, 一直是封建统治阶级的官方哲学, 他的《四

[1] 黄孔融, 王国聘. 论董仲舒的生态哲学思想 [J]. 西北农林科技大学学报: 社会科学版, 2009, 9(1):97-100.

[2] 丁东风. 董仲舒"天人相应"说对现代社会生态学的启示 [J]. 江西社会科学, 1994(12):86-89.

[3] 陈豪珣. 论董仲舒生态神学思想 [J]. 云南社会科学, 2008(4):115-117.

书章句集注》被统治者列为官学教科书和科举考试的标准答案。朱熹的思想还对朝鲜、越南、日本、琉球王国等地方起过重大影响，这些地区也曾将朱熹的学术思想列为官方哲学。

朱熹总结了以往的思想，尤其是宋代理学思想，建立了庞大的理学体系，他的学问博大精深，从人文社会到自然科学，无所不包。就仅是自然科学（或自然哲学）方面，都是一个十分庞大的体系。鉴于朱熹学说广泛而重大的影响，国内外许多著名学者都对其思想从不同角度进行了分析和研究，相关著作和文章多得不胜枚举。

朱子的著作很多，据《四库全书》的著录统计，朱子现存著作共25种，600余卷，总字数在2000万字左右。可分为好几种形态，一是朱子自己的论著，如《晦庵先生朱文公文集》《八朝名臣言行录》等；二是别人整理或编辑的朱子著作，如《朱子语类》；三是朱子对儒家经典或重要文学、文化遗产所作的整理和研究之作，如《四书章句集注》《楚辞集注》《韩文考异》（又名《昌黎先生集考异》）等；四是朱子与他人合作的著作，如《近思录》。朱子还整理和编辑过他人的著作，如《二程遗书》《上蔡语录》《韦斋集》等，当然这些严格来讲不是朱熹自己的著作。清朝康熙年间，大学士李光地奉敕编修的《朱子全书》（或称《渊鉴斋御纂朱子全书》），但实际上是朱子的《文集》和《语类》的选集本。现代，朱杰人先生主编的《朱子全书》(2003年由上海古籍出版社和安徽教育出版社共同出版)，由海内外学者共同完成，耗时8年，有27册，约1436万字，基本上囊括朱熹的所有著述。

当然有关生物（包括人）与环境关系的探讨是朱熹博大学问中的一小部分。从总体上看，朱子的生态思想是对先前儒家思想的继承和发扬，在朱子有关生物与环境关系的论述中我们可以很容易见到孔子、孟子、荀子、董仲舒等先前大儒的思想的影子；朱子将这些思想融会贯通，在此基础上进行创造发展，达到了一个新的历史高度。

朱熹的生态伦理思想主要观点是，人与自然万物同源，都是"天地"所生，都源于天地之"气"，但人最灵、最贵；天人相类，天人感应，人要辅助天地行管理之职，使自然万物共享繁茂。不过，对于人和自然万物，其伦理地位是不同的，各自享有的伦理关爱有等级差别，对人要"仁"，对物则是"爱"。我们再来仔细看看朱熹的以人为本和谐生态观。

在朱熹看来，人类具有比自然万物更高的伦理地位，这反映了朱子对儒家人本和谐生态观的一贯继承和发扬。自从儒家的创始人孔子开始，人和人的价值就一直是第一位的，《论语·乡党》记载："厩焚。子退朝，曰：'伤人乎？'不问马。"儒家亚圣孟子，把如何对待人与物的态度作了总述，"君子之于物也，爱之而弗仁；于民也，仁之而弗亲。亲亲而仁民，仁民而爱物"（《孟子·尽心上》）。荀子也认为人是天下最贵，"水火有气而无生，草木有生而无知，禽兽有知而无义；人有气、有生、有知亦且有义，故最为天下贵也"（《荀子·王制》）。大儒董仲舒同样也是认为人类为天下最贵，他说"莫精于气，莫富于地，莫神于天。天地之精所以生物者，莫贵于人"（《春秋繁露·人副天数》）。朱子的生态伦理思想与先前的儒家传统是一脉相承的，而且朱子对儒家的生态伦理还进行了进一步的深入和细化的规划发展。朱子对孟子的"亲亲仁民爱物"有如下注解：

> 物，谓禽兽草木。爱，谓取之有时，用之有节。程子曰："仁，推己及人，如'老吾老，以及人之老'。于民则可，于物

则不可。统而言之则皆仁，分而言之则有序。"杨氏曰："其分不同，故所施不能无差等，所谓理一而分殊者也。"尹氏曰："何以有是差等？一本故也，无伪也。"（《四书章句集注·孟子集注·尽心上》）[1]

通过上面的注解可以看到，人和物所具有的不同生态伦理地位，对人对物应该采取的不同态度和感情，以及人的主体地位和以人为本的思想显而易见，清清楚楚。朱熹的这段论述就是我国传统以人为本和谐生态伦理观的核心内涵。

我们可以清楚地看到，儒家以人为本的生态伦理观并不割裂人与自然的关系，并不是号召人与自然对立；恰恰相反，儒家的生态伦理观是一以贯之要求人与自然和谐发展，这是从儒家的鼻祖孔子开始的。孔子"子钓而不纲，弋不射宿"（《论语·述而》）；孟子"数罟不入洿池，鱼鳖不可胜食也；斧斤以时入山林，材木不可胜用也。谷与鱼鳖不可胜食，材木不可胜用，是使民养生丧死无憾也。养生丧死无憾，王道之始也"（《孟子·梁惠王上》）；荀子"圣王之制也。草木荣华滋硕之时，则斧斤不入山林，不夭其生，不绝其长也。鼋鼍鱼鳖鳅鱣孕别之时，罔罟毒药不入泽，不夭其生，不绝其长也。春耕夏耘，秋收冬藏，四者不失时，故五谷不绝而百姓有余食也。污池渊沼川泽，谨其时禁，故鱼鳖优多而百姓有余用也。斩伐养长不失其时，故山林不童，而百姓有余材也"（《荀子·王制》）；董仲舒"质于爱民，以下至于鸟兽昆虫莫不爱。不爱，奚足谓仁？"（《春秋繁露·仁义法》）；程颢"若夫至仁，则天地为一身，而天地之间，品

---

[1] 朱熹. 孟子集注 [M]. 济南：齐鲁书社,1992：205.

物万形为四肢百体。夫人岂有视四肢百体而不爱者哉？"(《二程遗书·卷四》)。可见儒家在树立以人为本观念的同时，对普通的自然万物是主张爱护的，不要去征服和破坏自然。就如程颢所描述的一样，人作为本体，其他万物作为人的四肢百体，整个自然界就是以人为头的一个整体。而对于人类必须要向自然界索取的各类资源，儒家则主张的是一种"取之有时，用之有节"的可持续发展思想，竭力维护"人－自然界"这个有机整体生态系统的平衡稳定，使人与自然和谐发展。

贯穿于儒家始终的传统人本和谐生态思想，到朱子这里得到了进一步发展。这种人本和谐生态观，对指导人类正确处理人与自然的关系是十分有价值的，在人与自然关系日益恶化、生态环境日益被严重破坏的今天，发扬儒家人本和谐生态思想对于保护生态环境、阻止浪费破坏资源有重要的作用；同时，儒家尊重人、肯定人，把人放在第一位的做法，又有利于人类社会的健康良性发展。儒家人本和谐生态思想与西方的"人类中心"主义是不一样的，"人类中心"主张征服和掠夺自然界，主张人与自然的分离；人本和谐生态思想强调人与自然的整体性，维护人与自然的和谐，认为整个世界是"人－自然界"这样一个有机整体系统，人只不过是这个生态系统的"头"，而其他自然万物则是人的"四肢百体"。同时，儒家人本和谐生态观与当今西方一些极端激进的生态伦理思想也是不同的，这些极端生态思想主张消减人的价值主体地位，湮灭以人为本的观念，把人的价值地位下降到与自然的动植物相同的位置，很显然这也是行不通的，是不利于人类社会进步的。笔者认为，无论是在今天抑或是在未来，综合考虑过人和自然两方面的儒家和谐生态思想都是行之有效的、先进的、科学的，是能够良好协调人与自然关系的发展观之一。

因此，对于祖先留给我们的这笔宝贵思想财富，我们应当好好地继承和发扬。

三、节俭、适度消费的生态消费观

对于物质生活资料的消费，中国传统社会提倡节俭、适度消费，既考虑当下和当代人的需要又考虑未来和子孙后代可持续发展的需要，生活资料消费的量和水平要落在当下和未来之间最合适的平衡点上。中国传统社会的生活消费观可以称之为生态消费观，与我们今天的生态消费理念在本质上是相通和一致的。生态消费是一种生态化的消费模式，是既符合社会生产力的发展水平，又符合人与自然的和谐、协调，既满足人的消费需求，又不对生态环境造成危害的消费行为 [1]。

（一）节俭、适度消费的生态消费观的形成与内涵

提倡节俭、适度消费的生态消费观念，在先秦时期就已经出现，其基本观点与内核在这一时期已经形成。

首先，我们来看看先秦名著《管子》的生态消费思想。《管子》的消费思想与现今生态消费观念表现出一致性。对于统治者而言，要求他们对老百姓的索取有度，花费有节制。《管子·权修》说，"地之生财有时，民之用力有倦"，"故取于民有度，用之有止，国虽小必安；取于民无度，用之不止，国虽大必危"。《管子·八观》说"审度量，节衣服，俭财用，禁侈泰，为国之急也"。《管子·禁藏》也说"夫明王不美宫室……不听钟鼓……。故圣人之制事也，能节宫室，适车舆以实藏"；《管子·七臣七主》篇更将"节用"列为"明主"六务之首。但是，《管子》并不主张一味地节俭，而是主张一种恰到好处的适度消费，"故俭则伤事，侈则伤

---

[1] 秦鹏 . 生态消费法研究 [M]. 北京：法律出版社，2007：30.

货。俭则金贱，金贱则事不成，故伤事。侈则金贵，金贵则货贱，故伤货"。又《管子·八观》说"奸邪之所生，生于匮不足；匮不足之所生，生于侈；侈之所生，生于毋度"。而这种消费的度就是以满足人们的生活需要为标准，《管子·禁藏》说："故立身于中，养有节。宫室足以避燥湿，饮食足以和血气，衣服足以适寒温，礼仪足以别贵贱，游虞足以发欢欣，棺椁足以朽骨，衣衾足以朽肉，坟墓足以道记。不作无补之功，不为无益之事，故意定而不营气情。"

其次，我们来看看道家的生态消费思想。道家创始人老子的生态消费观主要表现为慈爱、节俭、知足知止。对于天地万物，老子主张要以慈爱的心去对待。对物质财富和自然资源的利用，老子主张节俭和知足知止的适度消费生态观。老子说："我有三宝，持而保之。一曰慈，二曰俭，三曰不敢为天下先。"（《老子·六十七章》）慈即慈爱，老子有一种物无贵贱、天地万物众生平等的思想，"天地不仁，以万物为刍狗；圣人不仁，以百姓为刍狗"（《老子·五章》）。老子虽没有详细展开论述他的慈爱思想，但由他的众生平等观可以看出，慈爱的对象应该是包括人类在内的天地万物。《吕氏春秋·贵公》记载的一个故事也可以说明老子的无私心、平等对待万物思想：

荆人有遗弓者，而不肯索，曰："荆人遗之，荆人得之，又何索焉？"孔子闻之曰："去其'荆'而可矣。"老聃闻之曰："去其'人'而可矣。"故老聃则至公矣。[1]

---

[1] 吕不韦.吕氏春秋译注 [M].张双棣，张万彬，译注.北京：北京大学出版社,2000：20.

意思是，有个楚国人丢了弓，却不肯去寻找，他说："楚国人丢了它，反正还是被楚国人捡到，又何必去寻找呢？"孔子听了这件事后说："他的话中去掉'楚国'字样就合适了。"老子听到以后说："再去掉那个'人'字就合适了。"老子的公平是达到最高境界了。

俭，即"有而不尽用，和五十九章'啬'字同意"。老子主张的是一种节俭的适度消费，反对铺张浪费的侈靡生活，老子说，"五色令人目盲，五音令人耳聋，五味令人口爽，驰骋田猎令人心发狂，难得之货令人行妨。是以圣人，为腹不为目，故去彼取此"（《老子·十二章》）。老子认为消费的标准是"为腹不为目"，求安饱温暖的生活；反对纵情沉溺于声色、美味、狩猎和稀有物品之中，认为这些过分的享受会使人身体受到损害。不仅如此，如果放任人类自生的贪欲，无节制地满足人类自己的感性偏好，还会带来灾祸。老子说"祸莫大于不知足，咎莫大于欲得"（《老子·四十六章》）。没有什么灾祸比不知满足更大，没有什么灾难比贪得无厌更大。因此，在平常生活中，应该"见素抱朴，少私寡欲"（《老子·十九章》），保持朴质，减少私欲。而作为领导者的"圣人"，则须"圣人去甚、去奢、去泰"（老子·二十九章》），圣人做事不能极端、奢侈和过分。老子要求人们拥有"故知足之足，常足矣"（《老子·四十六章》）的观念和心态，即要知道满足的满足，才能常常感到满足。老子在《四十四章》写道："是故甚爱必大费，多藏必厚亡。知足不辱，知止不殆，可以长久。"知道满足就不会受屈辱，知道适可而止就不会有危险，这样才可以长久平安。对于个人而言，这是一种修身养性。对人类与自然的关系而言，则需要人类采取可持续发展观，"知足知止"，使人与自然和谐发展，只有这样才能使人类与自然界共生共荣，天长地久；

否则，如果穷凶极恶地掠夺式开发自然资源，肆意污染、破坏自然环境的话，人类虽然在短期内可获得巨量的物质财富，但从长远看，人类的结果就必然会如老子所说的那样，"多藏必厚亡"。正如英国著名历史学家阿诺尔德·约瑟·汤因比 (Arnold Joseph Toynbee) 所说："在所谓发达国家的生活方式中，贪欲是作为美德受到赞美的。但是我认为，在允许贪婪肆虐的社会里，前途是没希望的。没有自制的贪婪将导致自灭。"[1]正因为如此，在艾伦·杜宁《多少算够》这本名著中，他将《老子》中的"知足"思想，推崇为世界各主要宗教和文化所倡导的消费观的典范之一。

再次，我们来看看先秦儒家的生态消费思想。儒家亚圣孟子的生态保护和生态消费思想主要体现为以时养物、以时取物、取物不尽物与节用结合，孟子认为这样的消费方式不仅能使民众拥有充足的物质资料，而且还能保护自然资源，使其能够被永续利用，从而达到人与自然和谐相处、实现人类社会的可持续发展。"时"是孟子关注的核心因素，孟子引用齐人谚语说："虽有智慧，不如乘势；虽有镃基，不如待时。"（《孟子·公孙丑上》）虽然有智慧，不如借助形势；虽然有锄头，不如等待农时。孟子反复告诫以时养牲畜、以时耕种的重要性，"鸡豚狗彘之畜，无失其时，七十者可以食肉矣。百亩之田，勿夺其时，数口之家可以无饥矣"《孟子·梁惠王上》）。按时按量地饲养鸡、猪和狗等家畜，七十岁以上的老者都可以吃上肉了；不失去耕种收割的时机，一百亩的田可以让数口之家吃得饱饱的。孟子曾对梁惠王说"不违农时，谷不可胜食也；数罟不入洿池，

[1]AJ 汤因比，池田大作.展望二十一世纪——汤因比与池田大作对话录 [M].荀春生，译.北京：国际文化出版公司,1985.57.

鱼鳖不可胜食也；斧斤以时入山林，材木不可胜用也。谷与鱼鳖不可胜食，材木不可胜用，是使民养生丧死无憾也。养生丧死无憾，王道之始也"（《孟子·梁惠王上》）。不在农忙时耽搁老百姓的耕作，粮食就吃不完了；不用细密的渔网去大池里捕捞，鱼鳖也就吃不完了；按照时令规律去山林砍伐，木材也就用不完了。在消费物质资料时，孟子要求"用之以礼"，反对铺张浪费，"食之以时，用之以礼，财不可胜用也"（《孟子·尽心上》）。孟子的"时"应该具有以下含义：一是动植物根据时间季节变化的发育生长规律；二是人们应当根据万物的生长变化情况在适当的时候进行农业活动和资源索取活动，如在恰当的时节进行耕种、收割、采伐、打猎等。因而孟子"时"的观念实际上就是生态季节规律的同义词[1]。

对于自然资源的消费与索取，除了讲究"时"以外，孟子还强调一个"养"字。在目睹"牛山事件"后，孟子总结道："苟得其养，无物不长；苟失其养，无物不消。"（《孟子·告子上》）如果得到养护，没有东西不生长；如果失去养护，没有东西不消亡。对于如何养护，孟子是有取舍的，主张养护重要的，"今有场师，舍其梧槚，养其樲棘，则为贱场师焉"（《孟子·告子上》）。如有园艺师放弃梧桐梓树，却去培养酸枣荆棘，那就是很差的园艺师。孟子常主张在住宅周围种桑树养蚕织衣，以便让人们有足够的衣服穿，"五亩之宅，树之以桑，五十者可以衣帛矣"（《孟子·梁惠王上》）。又"五亩之宅，树墙下以桑，匹妇蚕之，则老者足以衣帛矣"，"制其田里，教之树畜，导其妻子使养其老"（《孟子·尽心上》）。

对于自然资源，如果既不注重有节制地以时索取，又不讲究养护，那么后果会怎样呢？其结果将会导致生态灾难。孟子讲述了一个我们今

---

[1]蒲沿洲.论孟子的生态环境保护思想[J].河南科技大学学报:社会科学版,2004,22(2):48-51.

天会称之为人为生态灾难的"牛山事件"的故事，孟子说："牛山之木尝美矣。以其郊于大国也，斧斤伐之，可以为美乎？是其日夜之所息，雨露之所润，非无萌蘖之生焉，牛羊又从而牧之，是以若彼濯濯也。人见其濯濯也，以为未尝有材焉，此岂山之性也哉？"（《孟子·告子上》）。牛山的树木曾经是葱郁茂盛的，但由于它在大都市的郊外，所以经常遭到人们的砍伐，被砍伐一光。本来在雨露的滋润下还具备再生能力的，但接着，人们又驱牛羊在此地放牧，结果牛山就变成光秃秃的山包了。人们见到光秃秃的山，还以为此地从来就没有过树木呢。这个故事说明了在利用自然资源时，无节制地掠夺索取的破坏性是多么的巨大。

另外，在先秦时期与儒家并为显学的墨家，也主张节俭、适度消费的生态消费观，不要过度地浪费消耗自然资源。各种用具要节约，适可而止，"凡足以奉给民用，则止。诸加费不加于民利者，圣王弗为"（《墨子·节用中》）。穿衣方面也要节俭，适度消费，"冬服绀緅之衣轻且暖，夏服絺绤之衣轻且清，则止"（《墨子·节用中》）。在住房方面也要讲究节俭、适度消费，墨子说："其旁可以圉风寒，上可以圉雪霜雨露，其中蠲洁可以祭祀，宫墙足以为男女之别，则止"（《墨子·节用中》）。此外，墨子在饮食、出行、丧葬等各个方面都提出了他的适度消费标准。

总之，中国先秦时期的先民们非常重视对生物与环境关系的调查与研究。在春秋战国时期尽管是百家争鸣，各家的学术观点和政治见解互有冲突，但在生物（包括人）与自然环境关系的问题上却表现得出奇的一致。先秦各家学派均要求人与自然和谐共处，人与自然和谐发展；而在生活消费方面展现的生态消费观，主要表现为节俭、适度消费。中国的传统生态思想是勤劳、智慧、伟大的中国先民们在与自然的接触和交往过程中对实践经验和认识的总结与概括，是中华文明几千年光辉灿烂历史积淀的精华。

（二）节俭、适度消费的生态消费观在传统社会的传承与发展

在先秦时期形成节俭、适度消费的主流生态消费观以后，后世的传统社会一直将其作为良好消费观的标杆，不断对其传承和发展。

1.节俭、适度消费的生态消费观在汉代的传承与发展

在汉代，人们一方面提倡节俭、适度消费，另一方面反对过度奢侈、反对滥用和毁坏自然资源。这在汉代巨著《淮南子》中有明显的展现。

《淮南子》主张生活节俭，适度消费生活资料。《淮南子》要求作为帝王的人君首先做出表率，过俭约的生活，"君人之道，处静以修身，俭约以率下。……俭则民不怨矣"（《淮南子·主术训》）。接着，《淮南子》描绘了作为万世师表的尧帝的简朴生活情景，以供后来者学习。《淮南子·主术训》云"尧之有天下也，非贪万民之富而安人主之位也，以为百姓力征，强凌弱，众暴寡，于是尧乃身服节俭之行，而明相爱之仁，以和辑之。是故茅茨不翦，采椽不斲，大路不画，越席不缘，大羹不和，粢食不毇，巡狩行教，勤劳天下，周流五岳"。尧作为天下的帝王，不贪图万民的财富，亲自带头实行节俭，他住的房子是茅草盖顶、不加修剪，用不加砍斫的栎木为椽；乘坐的大车不画花纹，编结的垫席不修边缘；吃的肉汁不调五味，祭祀的饭食不用细粮。中国古代社会，人们的传统思想意识里总是认为古代的是好的，是供今天效法学习的对象。《淮南子·本经训》叙述了作为楷模的古代节俭的名堂之制，以供天下民众效仿，"是故古者明堂之制，下之润湿弗能及，上之雾露弗能入，四方之风弗能袭，土事不文，木工不斲，金器不镂，衣无隅差之削，冠无觚

嬴之理，堂大足以周旋理文，静洁足以享上帝，礼鬼神，以示民知俭节"。名堂，原注是"王者布政之堂。上圆下方，堂四出，各有左右房，谓之个，凡十二所。王者月居其房，告朔朝历，颁宣其令，谓之明堂。其中可以序昭穆，谓之太庙。其上可以望氛祥，书云物，谓之灵台"。可见，明堂是帝王发布政令，与朝中大臣讨论国家大事的地方，是国家权力中心，是国家的象征和代表。而就是这个具有至高无上地位的"明堂"，却是朴实无华，节俭实用，向天下民众表率着俭约美德。《淮南子·主术训》也描述了明堂的简约，"明堂之制，有盖而无四方，风雨不能袭，寒暑不能伤"。关于提倡节俭的论述还有，"廉俭守节，则地生之财"（《淮南子·主术训》），"恭俭尊让者，礼之为也"（《淮南子·泰族训》），等等。

　　这里要指出的是，《淮南子》提倡的是节俭、适度消费，"通乎侈俭之适"，并不是吝啬。《淮南子·齐俗训》对此有明确的论述，"古者，非不能陈钟鼓，盛筦箫，扬干戚，奋羽旄，以为费财乱政，制乐足以合欢宣意而已，喜不羡于音。非不能竭国麋民，虚府殚财，含珠鳞施，纶组节束，追送死也，以为穷民绝业而无益于槁骨腐肉也，故葬薶足以收敛盖藏而已。昔舜葬苍梧，市不变其肆；禹葬会稽之山，农不易其亩；明乎生死之分，通乎侈俭之适者也"。从这里的论述，我们可以看出，"制乐"的"适度"标准是"足以合欢宣意"，"葬薶"的花费标准是"足以收敛盖藏"，反对"费财乱政""竭国麋民，虚府殚财"，要"通乎侈俭之适"，即明白奢侈俭朴应当适度。其实，在上文的"明堂之制"的叙述中也是暗含着适度标准的，即要达到"下之润湿弗能及，上之雾露弗能入，四方之风弗能袭"，以及"风雨不能袭，寒暑不能伤"等要求，无华但是实用，简约但不寒碜。在《氾论训》篇，《淮南子》提出了要以"道术度量"

和约束自己的消费欲望，"自当以道术度量，食充虚，衣御寒，则足以养七尺之形矣。若无道术度量而以自俭约，则万乘之势不足以为尊，天下之富不足以为乐矣"。建立一种适度消费观十分重要，在物质资料上，吃饱穿暖就可以了，应当在精神上有更高的追求；如果放任人的物质欲望随意发展，恐怕拥有全天下的财富也不会感到满足。从人与自然的关系看，提倡节俭、适度消费是建立人与自然和谐发展关系的必备条件之一，对生态环境、对自然界中的物质资源都是具有保护作用的。节俭的反面就是奢侈浪费，人类所消费的物质资源归根结底都是来源于自然界，如果过分奢侈浪费，必然会向自然界过度索取，导致各种资源枯竭、生态环境被破坏。

《淮南子》是非常反对过度奢侈浪费的，这在《本经训》篇有明确的体现。《本经训》原题解说："本，始也。经，常也。本经造化处于道，治乱之由，得失有常，故曰《本经》，因以题篇。"可见本篇是讨论有关治国安邦的根本性原则的，将反对过度奢侈浪费作为平治天下的根本大计，足见《淮南子》对奢侈浪费反对之强烈。《淮南子·本经训》说"凡乱之所由生者，皆在流遁"。流遁的原注是"流，放也；遁，逸也"。用今天的话讲就是放纵欲望过分追求物质享受，放荡、淫逸。即，凡是祸乱产生的根源，都是由于过分贪图物质享受而丧失了本性。接着，《本经训》讲了贪图物质享受而导致祸乱产生的五个方面。

放荡淫逸（流遁）的产生表现在五个方面：大兴土木，兴建楼台亭阁，群楼并起栈道相通，层层如鸡栖、方正如井栏；梁上短柱斗拱，相互支撑；木头上雕有奇巧的装饰，有弯曲的盘龙、仰首的虎头；雕刻精细色彩鲜明，纹饰奇特曲回如波；有像水纹波涛荡漾起伏，菱花水草互相缠绕；

着色细密巧妙扰乱真正的色泽，构思奇巧互相牵持，而交错成一个整体，这就是在木的方面的淫逸。

开凿深沟水池，水面宽阔无边，连通溪谷水源，装饰弯曲的堤岸；沿着蜿蜒曲岸，层层堆砌璇玉之石；控制急流激起怒涛，扬起高高的波澜；水流曲折徘徊，就像水网环绕的番禺、苍梧一样；水中种植莲藕和菱角，用来供给鱼鳖粮食；鸿鹄、鹔鹴栖息水滨，水稻、高粱，年年有余；龙舟扬起鹢首，浮行奏乐欢娱，这就是在水的方面的淫逸。

筑高大的城郭，设数重险阻；建雄伟的台榭，圈巨大的苑囿，用来满足观赏的奢望；宫殿高耸，与青云相接；高楼层层，可与昆仑比高；修筑墙垣，甬道相连；挖高丘填洼地，积土石成山峦；快捷的大道通达远方，使厄道变平直，使险阻化坦途；终日疾驰而无跌倒之忧，这就是在土的方面的淫逸。

铸造巨大的钟鼎，制作精美的重器，在器具上雕饰花草虫鸟，相互交织；犀牛酣睡、老虎俯伏，苍龙盘旋，互相组合；光彩交错，使人迷乱，金光四射灿烂夺目；回环往复缠绕交织，弯曲成华美的纹饰；经过雕琢修饰，锻炼后的锡铁光滑细腻，有忽明忽暗的感觉；宝剑斑纹似寒霜浸进剑体，斜纹如同席纹；错落有致像织锦的经线，看起来既细密又疏松，这就是在金的方面的淫逸。

煎熬烧烤美味佳肴，调配合适的口味，吃尽楚国、吴国的各种不同的风味；焚林而猎，烧燎大木；拉起风箱吹火，冶炼铜铁；铁水涌流锻造器具，没有满足的日子；山上没有了高大的树木，树林没有柘树、梓木；烧树木做木炭，焚烧野草作灰；原野草木被烧得光秃秃，草木不能按时生长；大火上掩太阳的光辉，下耗尽大地的资财，这就是在火的方面的淫逸。

《淮南子》归纳的导致祸乱的各个方面分别是：遁于水、遁于土、遁于金和遁于火。毫无疑问，统治阶级如此穷奢极欲地追求物质享受，是要耗费大量的人力物力的，是会给人民大众加上沉重的负担的，是会扰乱社会生产、导致社会混乱的。因此，《淮南子》把这种穷奢极欲当作天下大乱的根源，认为只要具备了这五个方面中的一个就会导致天下灭亡，"此五者一，足以亡天下矣"。

我们再来看，这样无节制地贪图享受会对自然资源和生态环境造成什么样的影响。"焚林而猎，烧燎大木，鼓橐吹埵，以销铜铁，靡流坚锻"，即焚烧山林去打猎，烧掉巨大的树木，鼓起风箱吹火来熔化铜铁，铁水奔流。这样做对自然界造成的后果就是，山上没有了高大的树木，林中不见了新发的幼苗，"山无峻干，林无柘梓"。由于到处烧木为炭，燃草成灰，导致了野地里被烧得光秃秃一片，草木不能按时令生长，这样做是烧尽了大地的财物，"燎木以为炭，燔草而为灰，野莽白素，不得其时……下殄地财"。很明显，这样穷奢极欲的消费会造成资源枯竭，也会严重破坏人们赖以生存的生态环境。

《淮南子》非常反对过度奢侈，非常反对滥用、毁坏自然资源，将那种穷奢极欲的社会称为"衰世"，即衰败之世。《淮南子·本经训》说："逮至衰世，镌山石，锲金玉，擿蚌蜃，消铜铁，而万物不滋。剖胎杀夭，麒麟不游，覆巢毁卵，凤凰不翔……焚林而田，竭泽而渔……而万物不繁兆，萌牙卵胎而不成者，处之太半矣。"即，到了衰败之世，统治者开山凿石采金取玉，雕刻金玉做饰品，挑开蚌蛤采取珍珠，熔化铜铁制造器具，使自然资源过度消耗而不得繁衍。他们剖开兽胎，杀死幼兽，麒麟不再遨游；倾覆鸟巢、毁坏鸟卵，凤凰不再来飞翔。焚烧山林来田猎，排干水泽来捕鱼，使得万物都不能繁衍，草木萌芽、禽鸟孵卵、兽类怀胎等新生命不能成活的情况有一大半。很显然，这种对资源的过度索取和对生态环境的破坏是会导致生态灾难的，是不可持续发展的，《淮南子》就预言了这样做的灾难性后果。《淮南子·本经训》接着说："阴阳缪戾，四时失叙，雷霆毁折，雹霰降虐，氛雾霜雪不霁，而万物燋夭。……是以松柏箘露夏槁，江、河、三川绝而不流，夷羊在牧，飞蛩满野，天旱地坼，凤皇不下，句爪、居牙、戴角、出距之兽于是鸷矣。民之专室蓬庐，无所归宿，冻饿饥寒死者，相枕席也。"人们对生态环境的破坏会导致各种自然灾害，如四时失序，雷霆折毁万物，雹霰降落成灾，大雾弥漫霜雪不止，进而使万物枯萎死亡。还会使松柏竹子在盛夏枯死，使长江、黄河等江河干涸断流，蝗虫遮天盖地，天旱地裂；凤凰不翔临，长着勾爪、尖牙、长角、距趾的凶禽猛兽却到处逞凶作恶。人类是依靠自然环境而生存的，当然，生态环境被破坏得如此严重的时候，人类也就无法存活了，也就像《淮南子》所描绘的一样：人们就挤在简陋狭窄的茅屋里，无家可归，冻死饿死的互相枕藉；即"民之专室蓬庐，无所归宿，冻饿饥寒死者，相枕席也"。从生态学的视角看，人与生态环境是一个不可分割的整体，破坏、毁灭生态环境就是在毁灭我们自己。从上面的分析可以看出，《淮南子》已经深刻地体会和认识到了这一点。因此，《淮南子》主张可持续地利用自然资源，主张制定各种法令制度来维护人与自然之间的和谐关系，使人类社会可持续发展。

2. 节俭、适度消费的生态消费观在宋元时期的传承与发展

在中国传统社会，节俭、适度消费的生态消费观一直是社会提倡和

尊崇的主流消费理念。在宋代和元代，也是如此。宋代著名农书《陈旉农书》，就比较完整地论述了节俭适度消费的生态消费观，这是那个时代人们消费观的一个缩影。《陈旉农书·节用之宜》说："然以礼制事，而用之适中，俾奢不至过泰，俭不至过陋，不为苦节之凶，而得甘节之吉，是谓称事之情而中理者也。"这是陈旉在《节用之宜》篇所谈消费观的中心思想，即，按礼制办事，用度适中，使奢侈不至于放纵，节俭不至于小气，不要过度节省、生活困苦甚至引起凶害，而是要享受理性节俭、适度消费所带来的吉利，这样才是合情合理的。国与家在对物质生活资料的消费上有着相通之处，国就是一个"大家"，家就是一个"小国"。那么什么是好的节俭？怎样消费才是适度消费呢？对于一个国度来说，是"冢宰眂年之丰凶以制国用，量入以为出，丰年不奢，凶年不俭"（《陈旉农书·节用之宜》）。可见，最基本的原则就是"量入以为出"，根据收获的多少来决定消费的量度，在"丰年"和"凶年"所收的物质财物间取一平衡点，做到"丰年不奢，凶年不俭"。在这基础上，还得考虑未来，国家的积蓄要能够应对突发事件。陈旉认为一个国家没有九年的积蓄是不足的，没有三年的积蓄将会国将不国，"国无九年之蓄曰不足，无六年之蓄曰急，无三年之蓄曰国非其国也"（《陈旉农书·节用之宜》）。作为一个家庭该怎样消费呢？陈旉说"治家亦然"（《陈旉农书·节用之宜》）。治家也是一样的，也是要"量入以为出"，综合考虑"丰年"和"凶年"的，也是要在家里多积蓄，以便应对突发事件的。

对于为什么要节俭，陈旉的论述也是十分科学合理。《陈旉农书·节用之宜》说："《国语》云：'俭以足用，言唯俭为能常足用，而不至于匮乏。'"节俭是为了时常能够足用，不至于匮乏。可见，不是为了节俭而节俭，而是为了时常足用而适度消费。为了实现自己所主张的节俭、适度消费观，陈旉寄希望于政府，希望统治者做榜样，如果下面老百姓过于奢侈浪费，上面就予以禁止，这样，这种消费观就能够实行了。《陈旉农书·节用之宜》说："以谓理财之道，在上以率之，民有侈费妄用则严禁之，夫是之谓制得其宜矣。"

总之，陈旉的这种适度消费观念是既考虑现在又虑及未来，消费的额度以收入多少为基准，注重物质财富时常足用，讲究消费的可持续发展，是一种值得提倡和发扬的生态消费观念。这种生态消费观，对我们今天树立正确的消费价值观有十分重要的参考价值和作用。

到了元代，社会主流所推崇的依然是节俭、适度消费的生态消费观，当然从内容上讲也有一些新的变化，这可能与元代政局动荡和战乱频繁有关。《王祯农书》是到元代为止古代农书中篇幅最大的综合性农书，也是元代三大农书（另两部是《农桑辑要》和《农桑衣食撮要》）中对后世影响最大，水平最高的农书，它论述和主张了节俭、适度消费的生活观。对于物质财富的消费，王祯也是主张节俭和适度消费；同时，对于有余的粮食要蓄积起来，以备水旱等灾荒年，使人们免除灾荒年的饥饿之苦。

节俭、适度消费，对于个人是应该要如此，对于一个国家也是应该要如此。对于节俭、适度消费的民众，王祯列举山西汾晋的风俗例子做一示范，以使人们广为仿效。《王祯农书·蓄积篇》说："尝闻山西汾晋之俗，居常积谷，俭以足用，虽间有饥歉之岁，庶免夫流离之患也。传曰：'收敛蓄藏，节用御欲，则天不能使之贫。'信斯言也。"对于那些不注重节俭和适度消费，一有小丰收就大肆挥霍、过度消费的人，王祯则引用了《陈旉农书》的话对其进行了批评："今之为农者，见小近而不虑久远，一年丰稔，沛然自足，侈费妄用，以快一时之适，所收谷粟，耗竭无余。一遇小歉，则举贷出息于兼并之家，秋成倍而偿之。岁以为常，不能振拔。期间有收刈甫毕，无以糊口者，其能给终岁之用乎？"

广大老百姓应当节俭、适度消费，蓄积、备荒年，国家也一样。《王祯农书·蓄积篇》一开篇就写道："古者三年耕，必有一年之食，九年耕，必有三年之食，虽有旱干水溢，民无菜色，岂非节用预备之效欤？冢宰眡年制丰凶，以制国用，量入以为出，祭用数之仂。而又以九贡、九赋、九式均节之。取之有制，用之有度，此理财之法有常，而国家之蓄积，所以无缺也。"而且，国家的收藏积蓄并不仅仅是为了藏富于国，也是为天下民众考虑，一有灾害便开仓济民。《王祯农书·蓄积篇》说："先王蓄积，皆以民为计，非徒曰藏富于国也。"此外，国家还应当调节粮价，在粮食丰收价格低贱时高价买入，在粮食歉收价格贵时低价卖出，以维持社会稳定，利国利民。《王祯农书·蓄积篇》说："近世利民之法，如汉之常平仓，谷贱则增价籴之，不至于伤农；谷贵则减价粜之，不使之伤民。"

人与自然的和谐发展首先有赖于人类社会自身的和谐，而人类对自然资源的索取与消费是对自然界环境有直接影响的。"节俭、适度消费，蓄积、备荒年"这样的消费策略不仅有利于建立稳定繁荣的人类社会，而且对建立人与自然和谐发展关系，创造美好生态环境，也是十分有利的。

第三章 中华传统生态农业智慧

中国是一个历史悠久的传统农业古国，在与自然界的长期交往过程中，形成了独具民族特色的农业耕作模式。"三才论"思想产生于农业生产实践，然后，"三才论"又成为了中国传统农业的指导思想，强调天时、地利、人力的和谐统一，对农业生产进行精耕细作。从生态意义上看，讲究精耕细作的传统农业其本质就是生态型的农业。"民以食为天"，农业在任何时代都是居于不可动摇的基础性地位。根据历史的经验与教训，我国农业的发展方向应该是生态农业。美国现代农业生态学家乔治 W·考克斯和迈克尔 D·阿特金斯 (George W. Cox, Michael D. Atkins) 也说道："我们还必须把农业系统当作生态系统，并且必须采用无害的生态农业技术去增加产量；这样，从长远来看，就不会毁坏农田或损害全球生态了。"[1] 中国传统农业的生态耕作智慧，对现代生态文明的建设和发展仍然具有重要的借鉴作用和指导意义。

---

[1]George W. Cox, Michael D. Atkins. *Agricultural ecology : an analysis of world food production systems*[M]. San Francisco: W. H. Freeman, 1979 : 5.

第一节 "三才论"农业生态系统思想的运用

生态系统是开放系统，对能量、物质和信息开放；开放性是绝对必须的，因为生态系统在维持远离热力学平衡的过程中需要能量的输入[1]。农业生态系统 (agroecosystem) 是指在人类的积极参与下，利用农业生物和非生物环境之间以及农业生物种群之间的相互关系，通过合理的生态结构和高效生态机能，进行能量转化和物质循环，并按人类社会需要进行物质生产的综合体[2]。农业生态系统是一种被人类驯化了的生态系统，与纯自然的生态系统是有区别的，它除了受自然生态规律的制约外，还受人类活动和社会经济的调控、影响。"人是农田生态系统的核心"，因为"人类既是农田生态系统的组成成分，又是系统的主要调控者"[3]。在生态农业中，必须以整体的、系统的观念为依据，处理好人、农作物、环境之间的关系，使农田生态系统处于平衡、合理、高效的状态。

中国传统农业一直都是以"天时、地利、人力"相统一的"三才论"思想为指导的，最早的完整表述出自《吕氏春秋·审时》，"夫稼，为之者人也，生之者地也，养之者天也"。中国传统农业强调顺天时、量地利、重人力三者的有机结合，即一方面强调农业生产要按自然规律进行，另一方面又强调人的主观能动性，对天时、地利、水等诸多生态因子进行有机统一的把握和调控，以创造最适合农作物生长的生态环境；对农业生物进行合理布局，使它们在空间、时间和功能上形成多层次综合利用的优化高效农业结构。

[1]Sven E.JΦrgensen, Brian D.Fath, etal. *A New Ecology System Perspective*[M]. Oxford: Elsevier, 2007. 3.
[2]陈阜.农业生态学 [M]. 北京：中国农业大学出版社，2002：19.
[3]路明.现代生态农业 [M]. 北京：中国农业出版社，2002：5.

一、顺天时，按动植物的时令生长规律安排农事

农作物的生长都会随季节的变化而呈现一定的周期性规律。农作物的生长发育进程大体有以下几种情况：春播、夏长、秋收、冬藏；或春播、夏收；或秋播、幼苗（或营养体）越冬、春长和夏收。这就要求根据农作物各自生长发育的时令规律，在恰当的季节进行播种；如果不按时令规律耕种，例如本该春种秋收的农作物，却到夏天才播种，那么就会出现农作物减产甚至完全没有收成的情况。

我国古人对天有多种解释，但在农业生产领域，天主要是指自然规律、气候等；"时"则主要是指时间性、季节等。顺天时就是说，在农业生产过程中，要遵循农作物自然生长的时令规律，按照时令、气候的变化而进行相应的农业生产。要求顺天时进行农业生产，是我国传统农业精耕细作中的鲜明特点之一。中国很早就出现了按照季节、时令进行农事安排的文献记载。现存最早的是《夏小正》，可能成书于"夏王朝末年"[1]，其中就按月记载了农业生产的大事，如"正月，农纬厥耒……二月，往耰黍𥧌……三月，摄桑，委扬……"[2]等。春秋战国时期，有《吕氏春秋十二纪》和《礼记·月令》，它们的内容基本上相同，只有少数地方文字略有差异。《礼记·月令》按阴历十二个月的顺序记载了每个月的星象、物候、节气和有关政事。而这些政事绝大部分都与农业有关，明确指出政府应该按照不同的月份实行不同的农业政策，按照不同的时令对农业生产进行合适的管理，如"孟春之月，王命布农事，命田舍东胶，皆修封疆，审端经术，善相丘陵、阪险、原隰、土地所宜、五谷所殖，以教

---

[1] 夏纬瑛.夏小正经文校释[M].北京：农业出版社，1981：80.

[2] 夏纬瑛.夏小正经文校释[M].北京：农业出版社，1981：70-72.

道民，必躬亲之。……孟夏之月，命野虞出行田原，为天子劳农劝民，
毋或失时；命司徒巡行县鄙，命农勉作，毋休于都。……仲秋之月，乃
命有司趣民收敛，务蓄菜，多积聚。乃劝种麦，毋或失时。其有失时，
行罪无疑"[1]。《礼记·月令》具有官方色彩，是一部官方月令；它比《夏
小正》"进了一大步，无论对星象、物候还是对农事等的记载都更为详
尽、具体和系统，而且包含了二十四节气的大部分内容，奠定了后来的
二十四节气和七十二候的基础"[2]。往后出现的这类影响较大的月令体农
书有东汉崔寔的《四民月令》、南朝（梁）宗懔的《荆楚岁时记》、唐朝
韩鄂的《四时纂要》、元朝鲁明善的《农桑衣食撮要》等，这些农书都把
一年的 12 个月作为目录，按月来论述农业生产。综合性农书，如明朝
徐光启的《农政全书》、清朝官修农书《授时通考》以及清代民间张宗
法写的《三农纪》等书中也专辟有月令体例的内容，这种月令体的论述，
一是方便了农业生产，二是突出了时令在农业生产中的首要地位。

　　我国古代的先民们对农业生产顺天时的重要性有深刻的认识。《管
子·形势解》对农业在一年四季中的变化作了一般性论述，"春者，阳气
始上，故万物生。夏者，阳气毕上，故万物长。秋者，阴气始下，故万
物收。冬者，阴气毕下，故万物藏。故春夏生长，秋冬收藏，四时之节
也"。做事须顺天时，否则"举事而不时，力虽尽其功不成"。《吕氏春秋》
更为详细地论述了"时"在农业生产中的重要作用，一年四季的气候变
化是自然规律，"天下时，地生财，不与民谋"（《吕氏春秋·任地》）；自
然界的各种植物都随季节变化而变化，人们要顺时令变化而劳作，"春气

[1] 王云五. 礼记今注今译（上册）[M]. 王梦鸥，译. 台北：台湾商务印书馆，1970：201-242.
[2] 卢嘉锡，董恺忱，范楚玉. 中国科学技术史：农学卷 [M]. 北京：科学出版社，2000：72.

至则草木产,秋气至则草木落。产与落,或使之,非自然也。故使之者至,物无不为;使之者不至,物无可为。古之人审其所以使,故物莫不为用";又"故圣人之所贵,唯时也。水冻方固,后稷不种,后稷之种必待春"(《吕氏春秋·义赏》)。如果不顺"时"而进行农业生产,就会遭灾或者没有收获,"所谓今之耕也营而无获者,其早者先时,晚者不及时,寒暑不节,稼乃多灾"(《吕氏春秋·辩土》);"斩木不时,不折必穗;稼就而不获,必遇天灾"(《吕氏春秋·审时》)。《吕氏春秋·审时》里详细叙述了六种主要农作物"得时"与"失时"的差别(表 3-1,表 3-2),所谓"失时"是指在不恰当的时间耕种,包括"先时"(种得过早)或"后时"(种得过晚)。总的来讲,"得时"的庄稼不仅长势好、产量高,而且营养更丰富,口味更好,人吃后身体更健康,头脑更聪明。《吕氏春秋·审时》:"是故得时之稼兴,失时之稼约。茎相若,称之,得时者重,粟之多。量粟相若而舂之,得时者多米。量米相若而食之,得时者忍饥。是故得时之稼,其臭香,其味甘,其气章,百日食之,耳目聪明,心意睿智,四卫变强,殃气不入,身无苛殃。"

表 3-1 《审时》所载"得时"与"失时"对农作物的影响

农作物	得时	先时	后时
禾	长秱长穗，大本而茎杀，疏穖而穗大，其粟圆而薄糠，其米多沃而食之强。如此者不风	茎叶带芒以短衡，穗鉅而芳夺，秮米而不香	茎叶带芒而末衡，穗阅而青零，多秕而不满
黍	芒茎而徼下，穗芒以长，抟米而薄糠，舂之易，而食之不喂而香。如此者不饴	大本而华，茎杀而不遂，叶藁短穗	小茎而麻长。短穗而厚糠，小米钳而不香
稻	大本而茎葆，长秱疏穖。穗如马尾，大粒无芒，抟米而薄糠，舂之易而食之香。如此者不益	本大而茎叶格对，短秱短穗，多秕厚糠，薄米多芒	纤茎而不滋，厚糠多秕，辟米，不得待定熟，卬天而死
麻	必芒以长，疏节而色阳，小本而茎坚，厚枲以均，后熟多荣，日夜分复生如此者不蝗	——	——
菽	长茎而短足，其英二七以为族，多枝数节，竞叶蕃实，大菽则圆，小菽则抟以芳，称之重，食之息以香。如此者不虫	必长以蔓，浮叶疏节，小英不实	短茎疏节，本虚不实
麦	秱长而颈黑，二七以为行，而服薄糍而赤色，称之重，食之致香以息，使人肌泽且有力。如此者不蚼蛆	暑雨未至，胕动蚼蛆而多疾，其次羊以节	弱苗而穗苍狼，薄色而美芒

用现代汉语表述，则如表3-2所示：

表3-2　《审时》六种作物"得时""失时"生产效果比较表

作物	得时			先时		后时	
	植株	子实	其他	植株	子实	植株	子实
禾（粟）	茎秆坚硬，穗子长大	籽粒饱满，糠薄，米粒油润	吃着有力	茎叶细弱，穗子秃钝	有秕粒，米不香	茎叶细弱，穗子尖细	有青粒，不饱满
黍	茎高而直，穗子长大	米圆糠薄	容易舂，有香味	植株高大，但不坚实，叶子繁盛，穗子短小		茎矮细弱，穗子短小	糠皮厚，子粒小，不香
稻	植株强大，分蘖较多，穗如马尾	子粒饱满，米圆糠薄	容易舂，有香味	植株高大，茎叶徒长，穗子短小	秕谷多，糠皮厚，米粒薄	植株细弱	秕谷多，糠皮厚，子粒小
麻	株高节间长，茎细而坚实，色泽鲜亮	花多，子多	纤维厚而均匀，可以免螳				
菽	茎秆强大，分枝较多，叶密荚多	豆粒大而圆，饱满	容易饱，有香味，不受虫害	茎叶徒长，叶稀节疏	秕荚多	茎短节疏，植株细弱	不结实
麦	穗长色深，小穗七八对	籽粒饱满，子粒重大	容易饱，有香味，不受虫害		粒小而不饱满	易遭病虫害，苗弱穗青	不成熟

注：本表引自梁家勉的《中国农业科学技术史稿》[1]

---

[1] 梁家勉. 中国农业科学技术史稿 [M]. 北京：农业出版社，1989：132.

正因为《吕氏春秋》认为时节对农业生产是如此重要，所以它的《十二纪》根据天文、物候、气象等特征把一年分为四季十二月，并且对每月所适宜的农事活动都进行了安排，以供人们抓住适宜的农时进行生产劳动。《吕氏春秋》的时节划分和农事安排如表3-3所示。

表3-3 《吕氏春秋》的时节划分和农事安排

月份	节气	天象	物候	天气与阴阳	农事
孟春	立春	日在营室，昏参中，旦尾中	东风解冻，蛰虫始振，鱼上冰，獭祭鱼，候雁北	天气下降，地气上腾，天地和同，草木繁动	天子祈谷于上帝；躬耕帝籍；王布农事；发布禁令
仲春	日夜分	日在奎，昏弧中，旦建星中	桃李华，苍庚鸣，鹰化为鸠，蛰虫咸动	始雨水，雷乃发声，始电	耕者少舍，乃修阖扇
季春		日在胃，昏七星中，旦牵牛中	桐始华，田鼠化为鴽，萍始生，	虹始见，时雨将降，下水上腾；生气方盛，阳气发泄，生者毕出，萌者尽达，不可以内	修利堤防，导达沟渎。具栚曲簾筐，后妃斋戒，亲东乡躬桑，禁妇女无观，省妇使，劝蚕事。合累牛、腾马、游牝于牧
孟夏	立夏	日在毕，昏翼中，旦婺女中	蝼蝈鸣，丘蚓出，王菩生，苦菜秀，靡草死，麦秋至		劳农劝民，无或失时。命农勉作，无伏于都。驱兽无害五谷，农乃升麦。聚蓄百药。蚕事既毕，后妃献茧

续表

仲夏	小暑，日长至	日在东井，昏亢中，旦危中	螳螂生，鵙始鸣，反舌无声，鹿角解，蝉始鸣，半夏生，木堇荣	阴阳争，死生分	农乃登黍，游牝别其群，则絷腾驹，班马正
季夏		日在柳，昏心中，旦奎中	蟋蟀居宇，鹰乃学习，腐草化为蚈	凉风始至，水潦盛昌，土润溽暑，大雨时行	伐蛟取鼍，升龟取鼋，入材苇，收秩刍，养牺牲；无举大事妨农；烧薙行水，利以杀草，如以热汤，可以粪田畴，可以美土疆
孟秋	立秋	日在翼，昏斗中，旦毕中	寒蝉鸣，鹰乃祭鸟，用始刑戮	凉风至，白露降，天地始肃	农乃升谷；完堤防，谨壅塞，以备水潦
仲秋	日夜分	日在角，昏牵牛中，旦觜嶲中	候雁来，玄鸟归，群鸟养羞，蛰虫俯户	凉风生，雷乃始收声，杀气浸盛，阳气日衰，水始涸	修囷仓，趣民收敛，务蓄菜，多积聚；劝种麦
季秋	霜始降	日在房，昏虚中，旦柳中	候雁来，宾爵入大水为蛤；菊有黄华，豺则祭兽戮禽，草木黄落，蛰虫咸俯在穴	霜始降	伐薪为炭。农事备收，举五谷之要，田猎
孟冬	立冬	日在尾，昏危中，旦七星中	水始冰，地始冻，雉入大水为蜃	虹藏不见，天气上腾，地气下降，天地不通，闭而成冬	谨盖藏，收水泉池泽之赋，祈来年，劳农休息

续表

仲冬	日短至	日在斗，昏东壁中，旦轸中	冰益壮，地始坼，鹖鴠不鸣，虎始交，芸始生，荔挺出，蚯蚓结，麋角解，水泉动	阴阳争，诸生荡	酿酒，打猎，伐林木，取竹箭
季冬		日在婺女，昏娄中，旦氐中	雁北乡，鹊始巢，雉雊鸡乳，征鸟厉疾，冰方盛，水泽复		命渔师始渔；命司农计耦耕事，修耒耜，具田器；命四监收秩薪柴

由上表可知，《吕氏春秋》的指时系统包括天象、物候、天气等多个方面，是通过长期实践观察而总结出来的经验科学。《吕氏春秋》的作者强调每个月份都要执行正确的时令政策，他在《十二纪》首篇的每篇篇末都叙述了执行错误的时令将会带来的危害，例如，"孟春行夏令，则风雨不时，草木早槁，国乃有恐；行秋令，则民大疫，疾风暴雨数至，藜莠蓬蒿并兴；行冬令，则水潦为败，霜雪大挚，首种不入"；"孟夏行秋令，则苦雨数来，五谷不滋，四鄙入保；行冬令，则草木早枯，后乃大水，败其城郭；行春令，则虫蝗为败，暴风来格，秀草不实"；"孟秋行冬令，则阴气大胜，介虫败谷，戎兵乃来；行春令，则其国乃旱，阳气复还，五谷不实；行夏令，则多火灾，寒热不节，民多疟疾"；等等。突出表明了《吕氏春秋》对把握正确时节的高度重视。

正由于对农时的重要性有深刻认识，我国先民在农业生产中对"天时"重视的强烈程度是世所罕见的。强调农业生产要严格按照时节进行，是古代政府重要的政策之一，要求统治者的各项活动都要"不违农时"。

《尚书·尧典》记载，尧帝命令羲和制定历法，并且郑重地将时令节气告诉人们，"尧命羲和，钦若昊天，历象日月星辰，敬授民时"。舜继尧位后就对十二州的君长说，生产民食，必须依时，"食哉唯时！"中国的历代统治者都把"敬授民时"作为施政的首要任务。春秋战国时的诸子百家尽管有诸多分歧，但在主张"勿失其时""不违农时""使民以时"方面，却是少有的一致。管子曰"无夺民时，则百姓富"（《国语·齐语》）；孔子曰"使民以时"（《论语·学而》）；墨子曰"财不足则反之时"，"先民以时生财"（《墨子·七患》）。

在实际的农业生产领域，表现为对"天时"把握的日益精确化。西汉的著名农书《氾胜之书》提出"种禾无期，因地为时"，即要根据当地的实际情况来确定农作物的播种时间。《氾胜之书》对农业生产的各个环节有非常强的时间要求，不论是耕耘田地、种植农作物抑或是收获农作物都非常讲究时令。而且，它的趋时性是与因地制宜、因物制宜有机结合在一起的。首先，《氾胜之书》在耕耘田地方面是十分讲究抓住适宜的时间的。《氾胜之书》叙述了一年之中通常而言的几个最佳耕地时期，一个是春天"春冻解，地气始通，土一和解"时，另一个是"夏至，天气始暑，阴气始盛，土复解"时，还有就是"夏至后九十日，昼夜分，天地气和"时，这些时候耕田地可以"一而当五"。《氾胜之书》说"春冻解，地气始通，土一和解。夏至，天气始暑，阴气始盛，土复解。夏至后九十日，昼夜分，天地气和。以此时耕田，一而当五，名曰膏泽，皆得时功"。为了准确地抓住春天"地气始通"这个耕作时机，氾胜之叙述了专门测量"地气始通"的措施，"春候地气始通：椓橛木，长尺二寸，埋尺见其二寸；立春后，土块散，上没橛，陈根可拔。此时"。这个时候就是耕田的适宜时节，其效果会远远好于在不适宜的时节耕地。氾胜之接着说"二十日以后，和气去，即土刚。以时耕，一而当四；和气去，耕，四不当一"。可见，在氾胜之看来，在适宜的时节抓紧时间耕地可以省时省力，事半功倍；反之则会既费力气又没有好效果。氾胜之列举了在不适宜的时节耕地的害处，在不适宜的时节耕地不仅不能使田地的土壤性能变好，反而会使田地成为"败田"，使得田地不适合农作物生长。氾胜之说"春气未通，则土历适不保泽，终岁不宜稼，非粪不解。慎无旱耕；须草生[复耕]，至可耕时，有雨即种，土相亲，苗独生，草秽烂，皆成良田。此一耕而当五也。不如此而旱耕，块硬，苗秽同孔出，不可锄治，反为败田。秋无雨而耕，绝土气，土坚垎，名曰腊田。及盛冬耕，泄阴气，土枯燥，名曰脯田。脯田与腊田，皆伤田，二岁不起稼，则一岁休之"。可见，不在适宜的时节耕田，坏处很多：春季地气还没有通顺的时候去耕田，就会造成一个个疏疏落落的大土块，不保墒，使这年都长不出好庄稼；过早地耕田（杂草还未长出），会使土壤结块且坚硬，杂草和禾苗从同一个孔里一起长出来，不能除草治理，田成为坏田；秋天无雨时耕田，会使土壤坚垎；隆冬季节耕田，会使土壤枯燥；这些不合时令的耕作都会使田地受损伤。

其次，《氾胜之书》在耕田中对时令的讲究是跟因循地宜、物宜有机地结合在一起的。根据土壤性状的不同，在耕作时间上也有差异，例如，对于坚硬的"黑垆土"要在"春地气通"时开始耕，"春地气通，可耕坚硬强地黑垆土，辄平摩其块以生草；草生复耕之，天有小雨复耕和之，勿令有块以待时。所谓强土而弱之也"。而对于过于柔软的"轻土弱土"则是在"杏始华荣"时开始耕，"杏始华荣，辄耕轻土弱土。望杏花落，复耕。耕辄蔺之。草生，有雨泽，耕重蔺之。土甚轻者，以牛羊践之。如此则土强。此谓弱土而强之也"。而且在具体的耕作方式上也是因地制宜的，这从耕作"黑垆土"与"轻土弱土"的比较中可以明显地看出来。耕田的时间也是跟所种植的作物密切相关的，例如，对于种麦子的田一般是要在五月开始耕，"凡麦田，常以五月耕，六月再耕，七月勿耕，谨摩平以待种时。五月耕，一当三。六月耕，一当再。若七月耕，五不当一"。氾胜之对于农田耕作顺天时、因地宜的有机结合作了精练的概括，"得时之和，适地之宜，田虽薄恶，收可亩十石"。

再次，《氾胜之书》对农作物的种植和收获也是十分讲究时间性的，而且也是跟地宜、物宜有机地相结合的。作物的种植对季节时令的要求是非常高的，《氾胜之书》说"黍者暑也，种者必待暑"。又，"种麦得时无不善。……早种则虫而有节，晚种则穗小而少实"。再又，"种枲太早，则刚坚、厚皮、多节；晚则皮不坚。宁失于早，不失于晚"。这些都充分体现了在合适的时节种植农作物的极度重要性，也充分表明了《氾胜之书》在农作物的种植上对时令的强调和重视。《氾胜之书》说："种禾无期，因地为时。"种禾没有固定的日期，要根据各地的情况来决定播种的日期。这是农作物的种植在时间上要因地制宜的典型体现。作物的收获同样也是十分讲究时间性的，作物成熟了必须及时收割，"获不可不速，常以急疾为务。芒张叶黄，捷获之无疑。获禾之法，熟过半断之"。现存的《氾胜之书》记载的各种农作物的种植时间如下表3-4所示。

表 3-4《氾胜之书》记载的农作物种植时间

农作物	种植时间	情况说明
禾	三月榆荚时雨，高地强土可种禾	种禾无期，因地为时
黍	先夏至二十日，此时有雨，强土可种黍	黍者暑也，种者必待暑
麦	夏至后七十日，可种宿麦。春冻解，耕和土，种旋麦	种麦得时无不善。早种则虫而有节，晚种则穗小而少实
稻	冬至后一百一十日可种稻	三月种粳稻，四月种秫稻
大豆	三月榆荚时有雨，高田可种大豆。种大豆，夏至后二十日尚可种	
小豆	椹黑时，注雨种	
枲		种枲：春冻解，耕治其土。种枲太早，则刚坚、厚皮、多节；晚则皮不坚。宁失于早，不失于晚
麻	二月下旬，三月上旬，傍雨种之	
芋	二月注雨，可种芋	

　　中国传统农学的特色指时体系，即二十四节气，在汉朝臻于完备，《淮南子·天文训》就系统地记载了二十四节气。在《淮南子·时则训》篇，淮南子按照一年四季十二个月的先后次序适时安排恰当的农事活动和实施恰当的政令措施，体现出尊重自然规律、顺应天时的浓郁传统生态思想特色。对每个月份的到来，《时则训》记载了天象、物候、气象等多种指时系统，不仅使人们更容易掌握每个时令的到来，便于安排农事，也

使《时则训》对时令把握的准确性提高。跟《吕氏春秋》十二纪纪首以及《礼记·月令》一样，《时则训》每叙述完一个月份的事情与政令的安排，就强调一番执行正确时令政策的重要性。如"孟春行夏令，则风雨不时，草木早落，国乃有恐。行秋令，则其民大疫，飘风暴雨总至，藜莠蓬蒿竝兴。行冬令，则水潦为败，雨霜大雹，首稼不入"；"仲春行秋令，则其国大水，寒气总至，寇戎来征。行冬令，则阳气不胜，麦乃不熟，民多相残。行夏令，则其国大旱，暖气早来，虫螟为害"；等等。把《淮南子·时则训》与先前的《吕氏春秋》十二纪纪首内容相比较就可以发现，两者在内容上有很多相同的地方，结构安排和思想体系基本一致。从内容上看，《时则训》比《吕氏春秋》十二纪纪首要简单，省略了一些内容；另外，相对应的部分，《时则训》也有些变化和更新，例如天象指时体系的第一句就与《吕氏春秋》的不一样。在对一些具体事物的称呼和用语上也有些细微的变化。不过，总的来说，两者大体上是相同的。这些相同的部分，表明了汉代社会在处理人与自然关系方面对先秦生态思想的继承和发扬；而那些不同的部分就恰好说明了随着时间的推移，人们生态思想的变化和发展。《淮南子》用专门的篇幅来叙述顺天时安排农业生产，这也说明了它对天时的高度重视和珍惜。

随着我国先民对农时重要性认识的加深，东汉后期出现了月令体农学著作，即按照一年12个月的每个月份来安排农事。东汉崔寔所著的《四民月令》就是这样一部月令体著作。石声汉先生说："《四民月令》是农家月令书的开创者，也是一种代表。"[1] 所谓"四民"是指"士、农、工、商"四种职业的人民，"月令"是说每月应当做的事情。《四民月令》不是专

---

[1] 石声汉. 中国古代农书评介 [M]. 北京：农业出版社，1980：18.

言农业的书，其中还有教育、祭祀、医药养生、住房和器物的修缮保藏等各个方面的内容，但从其主线来看，是以农事安排为主，其他的事情围绕着农业生产的进程来进行的，因此历来都被视为农书。就如我国著名农史学家王毓瑚先生对该书的评价一样："（《四民月令》）虽然不是专谈农事，但大部分是同农业生产有关的。……因此历来都是把它看作农书。实际上它同一般专讲节序的月令书确是不同。……它可以说是东汉时期传留下来的唯一的一部综合性的农书。"[1]《四民月令》描述的农作物季节安排是以洛阳为中心，也包括与洛阳地理气候条件相近的其他地区，书中对于正月地气的测量就明确指出："雨水中，地气上腾，土长冒橛，陈根可拔，急菑强土黑垆之田。此周雒京师之法，其冀州远郡，各以其寒暑早晏，不拘于此也。"即，这种测量及耕田时令是关中（周）和洛阳（雒）两个京城附近的做法，其他的像冀州一样的远处州郡，应该按照当地的寒暑情况作早晚不同安排，不要受这种法则的拘束。这里体现出《四民月令》对因地制宜与顺天时理论的有机结合，即在农业生产上要根据各地不同的实际情况来顺应当地的时令季节。书中还有地宜、物宜、时宜与合理密植有机结合起来的论述，我们来比较一下这三种情况：①"二月……可种稙禾，美田欲稠，薄田欲稀"；②"三月……时雨降，可种秔稻，稻，美田欲稀，薄田欲稠"；③"四月……时雨降，可种黍、禾——谓之上时——及大小豆，美田欲稀，薄田欲稠"。为了便于比较，笔者列一表格，表3-5。

---

[1] 王毓瑚.中国农学书录[M].北京：农业出版社,1964：17-18.

表 3-5　地宜、物宜、时宜与合理密植结合比较表

种植时间	作物	合理密植情况
二月	植禾	美田欲稠，薄田欲稀
三月	秔稻	美田欲稀，薄田欲稠
四月	黍、禾，大小豆	美田欲稀，薄田欲稠

由表 3-5 可以明白地看出来，在一块农田上种植作物的密度是由多种因素综合决定的，时间、作物种类、土地贫瘠情况这三个要素是必须要有机结合综合考虑的。对于植禾，在好的田地里要种得稠密些，在贫瘠的田地里要种得稀疏些；而对于秔稻、黍、禾，大小豆等，在好的田地里就要种得稀疏些，在贫瘠的田地里就要种得稠密些。这正是把地宜、物宜、时宜与合理密植有机结合考虑后得出的结果，也是当时人们生产实践的经验总结。从总体上看，《四民月令》的核心指导思想就是传统农学的"三才论"生态系统思想，把天时、地利、人力等有机统一结合，以及注重地宜、物宜、时宜的恰当搭配。不过从表面上看，《四民月令》是特别注重顺应天时罢了，把一年 12 个月作为线索纲要来安排农业生产活动。因此，《四民月令》就像是根据传统农学理论做出来的洛阳地区的农业生产安排说明书，侧重安排，而不注重理论论述。《四民月令》所论述的一年 12 个月的顺天时农事安排如表 3-6 所示。

表3-6 《四民月令》论述的一年12个月顺天时农事安排

月份	耕作	播种、移栽、采集、收获	情况说明
正月	可菑强土黑垆之田。 粪田畴	可种春麦,豍豆,瓜、瓠、芥、葵、薤、大小葱、蓼、苏、苜蓿、杂蒜、韭。 可别薤、芥。 可移诸树:竹、漆、桐、梓、松、柏、杂木	移栽有果实的树及望而止。春麦,豍豆的播种尽二月止。正月,尽二月可剥树枝。正月以终季夏不可伐竹木
二月	可菑美田、缓土及河渚小处	可种植禾、大豆、苴麻、胡麻。 可掩树枝,可种地黄。 采桃花、茜、土瓜根、乌头、天雄、天门冬、术。 收榆荚	
三月	可菑沙白轻土之田	三日可种瓜。时雨降,可种秔稻、植禾、苴麻、胡豆、胡麻;别小葱。 "昏参夕,桑椹赤",可种大豆,谓之上时。 榆荚落,可种蓝。 三日及上除可采艾、乌韭、瞿麦、柳絮	三月桃花盛,农人候时而种
四月		立夏节后,蚕大食,可种生姜。 蚕入蔟,时雨降,可种黍、禾、大豆、小豆、胡麻。 分栽小葱。 收芜菁、芥、亭历、冬葵、莨菪子。 布谷鸣,收小百货	
五月	菑麦田	时雨降,可种胡麻。 夏至前后五日,可种禾、牡麻;夏至前后两日,可种黍。 分栽稻、蓝。 刈英刍。 采葸耳,取蟾诸、蝼蛄	分栽稻、蓝的日期下限为夏至后二十天

续表

月份	田	农事	备注
六月	蓿麦田	六日，可种葵;中伏后，可种冬葵、芜菁、冬蓝、小蒜，分栽大葱。大暑节后可畜瓠，藏瓜，收芥子，尽七月止	趣耘锄，毋失时
七月	蓿麦田	种芜菁、芥、苜蓿、大小葱、小蒜、胡葱、分栽薤。藏韭菁。刈乌茭，收柏实。取艾叶	
八月		种大小蒜、芥、苜蓿、大小麦、穬麦。采车前实、乌头、天雄、王不留行。收韭菁、豆藿。刈萑、苇、乌茭。断瓠，作蓄。干地黄、葵	凡种大小麦，得白露节，可种薄田;秋分，种中田;后十日，种美田。唯穬，早晚无常
九月		采菊花，收枳实。藏茈姜、襄荷。作葵菹，干葵	
十月		分栽大葱。趣纳禾稼，毋或在野。收芜菁，藏瓜。收括楼	
十一月		伐竹木	
十二月			遂合耦田器，养耕牛，选任田者，以俟农事之起

　　由上表3-6可以一目了然地清楚看出一年之内什么时候该干什么农活，能够十分方便地据此来安排农业生产。因此，《四民月令》具有很强的实践应用价值。

　　到了南北朝时期，顺应天时、按照作物的季节生长规律进行耕种的思想有了进一步的丰富与发展。比如我国著名的传统农学巨著《齐民要术》就对常见农作物的栽种时节和相应情况进行了详细的论述。《齐民要术》为一千多年前我国南北朝时期北魏的杰出农学家贾思勰所作，它是一部综合性的农业百科全书；它既是中国现存的最完整的最早的农学名著，也是世界农学史上最早的专著之一。在中国传统农学中，《齐民要术》是一部承前启后，具有里程碑意义的伟大农学巨著。往前，它总结了先秦两汉至北魏时期的农业科技成就；往后，它提纲挈领，指导着传统农业和农学的发展。《齐民要术》很注重掌握恰当的时令，对种植和管理农作物的时间有严格的要求，这些要求包括何时播种、何时锄草、何时收割等。在恰当的时节里播种，是获得好收成的关键环节之一。对于肥沃程度不同的土壤，谷类的栽种时间一般是"地势有良薄，良田宜种晚，薄田宜种早。良地非独宜晚，早亦无害；薄地宜早，晚必不成实也"（《齐民要术·种谷第三》）。

《齐民要术》在叙述农作物的播种时间时，一般都提供了上、中、下三个播种时节，以供耕种者参考选择。一般以上时为好，中时次之，下时再次。例如《齐民要术·种谷第三》对谷类作物的种植就作了详细的论述。种谷子，时间上是"二月上旬及麻菩、杨生种者为上时，三月上旬及清明节、桃始花为中时，四月上旬及枣叶生、桑花落为下时"。而且一般说来是早种比晚种要好，"然大率欲早，早田倍多于晚"，"然早谷皮薄，米实而多；晚谷皮厚，米少而虚也"。除了早种与晚种收成上有差别外，晚种还要"晚田加种也"，种子比早田用的多；而且薄地晚种会"晚种必不成实也"，也就是没有收成；而且"早田净而易治，晚者芜秽难治"。在谷子的生长过程中，还要在恰当的时间进行正确的管理。如"苗生如马耳则镞锄"，"苗出垅则深锄"，"春锄起地，夏为锄草"，"苗一尺高，锋之"等等。收谷子也得在正确的时间里抓紧完成。"熟，速刈。干，速积。刈早则镰伤，刈晚则穗折，遇风则收减。湿积则蕴烂，积晚则损耗"（《齐民要术·种谷第三》）。《齐民要术》其他的种植篇都有类似的论述，表明了它对时间性的高度重视。《齐民要术》中有关农作物的顺天时栽种情况详如表3-7所示。

表3-7 《齐民要术》的农作物顺天时栽种

农作物	适宜的栽种时节	情况说明
谷	二月上旬及麻菩、杨生种者为上时，三月上旬及清明节、桃始花为中时，四月上旬及枣叶生、桑花落为下时。岁道宜晚者，五月、六月初亦得	凡田欲早晚相杂。防岁道有所宜。有润之月，节气近后，宜晚田。然大率欲早，早田倍多于晚。早田净而易治，晚田芜秽难治。其收多少，从岁所宜，非关早晚。然早谷皮薄，米实而多；晚谷皮厚，米少而虚也
黍穄	三月上旬种者为上时，四月上旬为中时，五月上旬为下时	非夏者，大率以椹赤为候。常记十月、十一月、十二月冻树日种之，万不一失。刈穄欲早，刈黍欲晚。穄晚多零落，黍早米不成
粱秫	种与穄谷同时	晚者全不收也。收刈欲晚。性不零落，早刈损实
大豆	二月中旬为上时，三月上旬为中时，四月上旬为下时	春大豆次稙谷之后。岁宜晚者，五六月亦得。收刈欲晚。此不零落，早刈损实
小豆	夏至后十日为上时，初伏断手为中时，中伏断手为下时	中伏以后则晚矣
麻	夏至前十日为上时，至日为中时，至后十日为下时	夏至后者，非唯浅短，皮亦轻薄

续表

麻子	三月种者为上时，四月为中时，五月初为下时	
穬麦	八月中戊社前种者为上时，下戊前为中时，八月末九月初为下时	
小麦	八月上戊社前为上时，中戊前为中时，下戊前为下时	
瞿麦	以伏为时	
水稻	三月种者为上时，四月上旬为中时，中旬为下时	霜降获之。早刈米青而不坚，晚刈零落而损收
旱稻	二月半为上时，三月为中时，四月初及半为下时	
胡麻	二、三月为上时，四月上旬为中时，五月上旬为下时	月半前种者，实多而成；月半后种者，少子而秕多
瓜	二月上旬为上时，三月上旬为中时，四月上旬为下时。五、六月种晚瓜。又种瓜法：种稙谷时种之。区种瓜法：十月中种瓜	五月、六月可种藏瓜。种越瓜、胡瓜：四月中种之。种冬瓜：正月晦日种。二月、三月种亦得。冬瓜、越瓜、瓠子，十月区种，如区种瓜法
茄子	二月畦种	十月种者，如区种瓜法
芋	二月注雨，可种芋	
蔓（芜）菁	七月初种之	六月种者，根虽粗大，叶复虫食；七月末种者，叶虽膏润，根复细小；七月初种者，根叶具得。九月末收叶，晚收则黄落
蒜	九月初种	

续表

薤	二月、三月种。八月、九月种亦得	秋种者，春末生
葱	七月纳种	
韭	二月、七月种	
蜀芥、芸薹	皆七月半种	取叶者
芥子、蜀芥、芸薹	皆二三月好雨泽时种	收子者；三物性不耐寒，经冬则死，故须春种
胡荽	开春冻解地起有润泽时，急接泽种之。六七月种。秋种	
兰香	候枣叶始生，乃种兰香	早种者，徒费子耳，天寒不生。六月连雨，拔栽之
荏、蓼	三月可种荏、蓼	取子者，候实成，速刈之。性易凋零，晚则落尽
姜	三月种之	
襄荷	二月种之	
苜蓿	七月种之	
树	凡栽树，正月为上时，二月为中时，三月为下时	谚曰："正月可栽大树"。早栽者，叶晚出。虽然，大率宁早为佳，不可晚也
樱桃	二月初，山中取栽	
栗	至春二月，悉芽生，出而种之	种而不栽。栽者虽生，寻死矣
石榴	三月初	
椒	四月初，畦种之	移大栽，二月、三月中移之

续表

茱萸	二、三月栽之	
桑	桑椹熟时，畦种。明年正月，移而栽之。仲春、季春亦得	
楮	二月，楼耩之	
槐	五月夏至前十余日浸种，发芽后，好雨时种	三年正月，移而植之
柳	正月、二月	
杨柳	五月初，尽七月末	
梓	秋末初冬，漫散即再劳之。后年正月，移之	
竹	正月、二月种	
红蓝花	二月末三月初种	五月种晚花
蓝	三月中浸子。五月中新雨后，即接湿楼耩，拔栽之	
紫草	三月种之	
地黄	三月上旬为上时，中旬为中时，下旬为下时	

南宋《陈旉农书》辟有《天时之宜》篇专门论述天时与农业的关系，而且他把天时跟气候连起来一起讨论，这一篇开篇即写道："四时八节之行，气候有盈缩踦赢之度。五运六气所主，阴阳消长有太过不及之差。其道甚微，其效甚著。"进行农业耕作必须抓准时节，陈旉说："在耕稼，盗天地之时利，可不知耶？传曰，不先时而起，不后时而缩。故农事必知天地时宜，则生之、蓄之、长之、育之、成之、熟之，无不遂矣。"

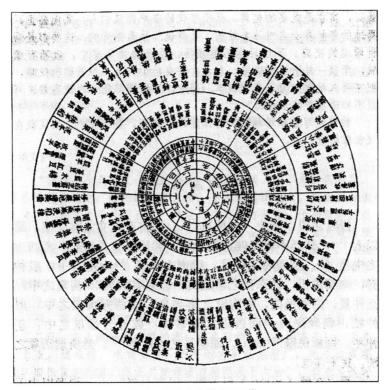

图 3-1 周岁农事授时尺图 [1]

元代的王祯在他的《王祯农书》列出《授时篇第一》来专门论述掌
握天时的重要性以及如何掌握天时，他说："四季各有其务，十二月各
有其宜。先时而种，则失之太早而不生；后时而艺，则失之太晚而不成。
故曰，虽有智者，不能冬种而春收。"一年四季各有其相应的农事，十二
个月各有其适宜的农活，在时节之前种了，就会因种得太早而导致作物
长不出苗；时节过了才种，就会因种得太晚而导致作物长不成。王祯相

---

[1] 王祯.东鲁王氏农书译注 [M].缪启愉，缪桂龙，译注.上海：上海古籍出版社,2008：10.

信每年的实际时节都是会变化的，因此不能够根据固定的日历来确定农时，《王祯农书》引用《陈旉农书》的话表达了这个意思，"万物因时受气，因气发生，时至气至，生理因之。今人雷同以正月为始春，四月为始夏，不知阴阳有消长，气候有盈缩，冒昧以作事，其克有成者，幸而已矣"（《王祯农书·授时篇第一》）。因此，如何精确地掌握农时，就成了农业生产要解决的首要问题。对于如何精准掌握正确的农时，王祯的突出贡献就在于创作了《周岁农事授时尺图》（《授时指掌活法之图》），企图利用此图来正确掌握农时。此图的突出特点是用北斗七星在天空不同的旋转位置作为指时准则，见图3-1。《王祯农书·授时篇第一》说："北斗旋于中，以为准则。"

王祯认为，此图指示出来的农时是一般的参考标准，是天南地北的中气，是中道；全国各地不同地方的实际农时应还要与当地的晷测日影情况、物候情况等相结合考虑，以确定正确的农时。《王祯农书·授时篇第一》说："然按月授时，特取天地南北之中气作标准，以示中道，非胶柱鼓瑟之谓。若夫远近寒暖之渐殊，正闰常变之或异，又当推测晷度，斟酌先后，庶几人与天合，物乘气至，则生养之节，不至差谬。此又图之体用余致也，不可不知。"由此可见，王祯对于如何精确掌握农时是做了较全面的考虑的，他在研究过程中创造的《周岁农事授时尺图》是从科学角度用科学方法对解决如何掌握农时问题的一次卓越尝试，在我国科学发展史上是有重大意义的。

明清时期，传统的顺天时思想得到了进一步的继承、发扬与提高，而且这时候，西方的近代实验农学也已经开始引进，它是传统农学的顶峰与近现代农业开始的过渡阶段。

二、量地利，因地制宜地耕种或养殖

地在狭义农业中指田地，即用来种植农作物的土壤，是农作物生长的地方。田地是提供农作物生活必需的水分和养分条件的基质，其理化性质对农作物有重要影响，它是农业生态系统中的基础生态因子之一。在广义的农业中，地是指种植业、林业、畜牧业、渔业、副业等五种产业开展的地方、场地。地宜即是因地制宜，在现代生态农业中，因地制宜既是特点也是必须遵循的原则之一。因地、因物制宜也是我国传统农业生态化的一大表现。

中国的先民，很早就对土地有研究，并且将这种差别跟农业生产联系起来。中国最早的土壤学著作是《尚书》中的《禹贡》篇，其序言就写道"禹别九州，随山浚川，任土作贡"，它把当时的中国划分为"冀、兖、青、徐、扬、荆、豫、梁、雍"九个州，它叙述了各个州的地理位置、土壤植被、物产贡赋等，并对各个州土壤的等级进行了划分。《周礼》中记载大司徒的职责之一就是要辨别各地的"土宜"，《周礼·地官·大司徒》："大司徒之职……设其社稷之壝而树之田主，各以其野之所宜木，遂以名其社与其野。""以土会之法"把土地分为五种，各种不同的土壤适合生长不同的动植物，并且当地的人民也会表现出相应的生理特征，如："一曰山林，其动物宜毛物，其植物宜皂物，其民毛而方；二曰川泽，其动物宜鳞物，其植物宜膏物，其民黑而津；三曰丘陵，其动物宜羽物，其植物宜核物，其民专而长；四曰坟衍，其动物宜介物，其植物宜荚物，其民皙而瘠；五曰原隰，其动物宜裸物，其植物宜丛物，其民丰肉而庳。"根据"土宜之法"来"辨十有二土"和"辨十有二壤"，然后根据土地来发展不同的农业。在种植用的土壤上也因地制宜地栽种不同的庄稼、树

木，"以土宜之法辨十有二土之名物，以相民宅而知其利害，以阜人民，以蕃鸟兽，以毓草木，以任土事。辨十有二壤之物而知其种，以教稼穑树蓺"。《周礼·夏官·职方氏》则记载了九个州各自所适宜的物产，"东南曰扬州……其畜宜鸟兽，其谷宜稻。正南曰荆州……其畜宜鸟兽，其谷宜稻。河南曰豫州……其畜宜六扰，其谷遗五种。……正东曰青州……其畜宜鸡狗，其谷宜稻麦。河东曰兖州……其畜宜六扰，其谷宜四种。正西曰雍州……其畜宜牛马，其谷宜黍稷。东北曰幽州……其畜宜四扰，其谷宜三种。河内曰冀州……其畜宜牛羊，其谷宜黍稷"。

而且，《周礼·草人》还论述了如何因地制宜地针对性改良土壤的方法。《草人》一文属于《周礼·地官》篇。"草人"也是《周礼》设置的官职，其职责是"掌土化之法以物地，相其宜而为之种"，即掌握改良土壤的方法，根据土壤的性状、颜色决定如何施肥，因地制宜地种植农作物。夏纬瑛先生认为"草人"应该就是"植物学者"；虽然古时有没有植物学者的职位是有待考究的，但确信无疑的是《周礼》的作者是想要设置这样一种官职，这就说明了当时是有明白"草土之道"的植物学者的[1]。《草人》里这种因地制宜的耕作方法，与现代生态农业的经营思想是一致的，详情见表3-8。

[1] 夏纬瑛.《周礼》书中有关农业条文的解释[M]. 北京：农业出版社，1979：40.

表 3-8 《周礼·草人》的因地制宜耕作方法

土壤类型	改良方法[1]
骍刚（赤色坚硬的土壤）	牛（撒牛的骨灰）
赤缇（浅红色但不坚硬的土壤）	羊（撒羊的骨灰）
坟壤（肥沃的土壤）	麋（撒麋的骨灰）
渴泽（湿润的泥土）	鹿（撒鹿的骨灰）
咸潟（盐碱地）	貆（撒貆的骨灰）
勃壤（质地松散的土壤）	狐（撒狐的骨灰）
埴垆（黑色的黏土）	豕（撒猪的骨灰）
强㙲（坚硬成块的土壤）	蕡（撒麻子饼）
轻票（容易粉碎的白色土壤）	犬（撒狗的骨灰）

　　由表 3-8 可知，《草人》的作者根据土壤的颜色、硬度、盐碱度等理化特征将土壤分成骍刚、赤缇、坟壤等九大类，对每种类型的土壤采取因地制宜施用合适的肥料的方法来改良土地，以提高农作物产量。至于这种土壤分类方法和相应的土壤改良方法是否科学有效，因为没有相应的实践资料，故不好断定。但是，这种因地制宜的思想却是科学和合理的，也是值得继承和发扬的。《草人》所述主要是因地制宜地改良土地，《周礼·司稼》则论述了因物制宜地种植农作物。"司稼：掌巡邦野之稼，而辨穜稑之种，周知其名与其所宜地，以为法而县于邑闾"，这里的司稼的职责就是调查研究各种农作物的名称及其所适宜种植的地方，并把这

---

[1]关于"粪种"的解释说法不一，郑玄认为是以骨汁浸种子，"种"读上声。江永则认为是以骨灰撒在地里，使土地肥美，"种"读去声。笔者认为江永说法有理，姑且从之。其实也有可能是用动物的粪便来肥地。

些信息悬挂在邑中的闾门，以便让百姓知道遵循。《周礼·土方氏》所载的职责则包括了《草人》所述的"土化"和"因地、因物制宜"两个方面，"土方氏……以辨土宜、土化之法，而授任地者"。

《管子·地员》是先秦时期另一篇极为宝贵的有关生态学的论文，主要讨论了各种土地所适宜生长的植物以及与农业生产的关系。全文可分为两大部分，第一部分首先论述了渎田（夏纬瑛先生认为渎田是江、淮、河、济四渎间的田，即我国北方大平原[1]）上五种土壤——息土、赤垆、黄唐、斥埴、黑埴各自所适宜种植的农作物、所适宜生长的野生植物、水泉的深度以及当地居民的相应体征；接着论述了15种水泉深度不同的土地，然后用自高而下的5种山地为例，论述了不同高度所适宜生长的植物，以说明植物生长的垂直分布特性；最后论述了"草土之道"，即植物生长与地势高低以及土壤特性的关系，总结出"凡彼草物，有十二衰，各有所归"。第二部分，主要论述了九州的90种土地（其实是18类，因为每类各有5种表现形式，故共90种）和每种土地上适宜种植的农作物，"凡土物九十，其种三十六"。这90种土壤又按优劣状况分属上、中、下三个等级，每个等级各30种，其中对属于上等土的"五粟""五沃""五位"论述得最详细，论述的内容包括了土壤的颜色、含水特性、适宜种植的农作物、适宜生长的动植物、泉水特性、当地居民的体征等各个方面。对其他土壤，记叙得较简略，以概括土质特性和论述适宜种植的农作物为主，并且都与前面的"上等三土"进行比较，以区分优劣。

各地的土壤理化性质、气候状况都有差别，因地制宜能够增加农作物的产量，就如《吕氏春秋·适威》所言，"若五种之于地也，必应其类，

---

[1] 夏纬瑛. 管子地员篇校释[M]. 北京：农业出版社，1981：97.

而藩息于百倍"；反之则不利于农业生产，因为"橘逾淮而北为枳，鸲鹆不逾济，貉逾汶则死，此地气然也"。

对于土壤的耕作也要因地制宜地进行，《吕氏春秋·孟春》篇明确提出了因地制宜思想，"善相丘陵阪险原隰，土地所宜，五谷所殖"；《吕氏春秋·任地》叙述了土地耕作的总体方法，"凡耕之大方：力者欲柔，柔者欲力；息者欲劳，劳者欲息；棘者欲肥，肥者欲棘；急者欲缓，缓者欲急；湿者欲燥，燥者欲湿。上田弃亩，下田弃甽"。《周礼·地官》记载的"土化之法"则是一种明显的因地制宜的施肥方法，"草人：掌土化之法以物地，相其宜而为之种。凡粪种，骍刚用牛，赤缇用羊，坟壤用麋，渴泽用鹿，咸潟用貆，勃壤用狐，埴垆用豕，强㯺用蕡，轻票用犬"。这种因地制宜的施肥思想对后世影响很大，我国传统著名农书如《齐民要术》《陈旉农书》《王祯农书》《农政全书》等都对其进行了引用，并且随着时代的发展，这种因地制宜的理论不断得到补充和完善。

北魏贾思勰的《齐民要术》对农作物的因地制宜有比较详细且科学的论述，表明当时我国传统农业对重要生态因子土壤的认识和利用已经发展到比较成熟的水平。《齐民要术》有明确的因地制宜观。所谓因地制宜，就是要根据土壤特性来栽种相应的适宜农作物，这是非常正确的，因为质地不同的田地适合栽种不同特性的农作物。例如，《齐民要术·种谷第三》就在总体上介绍了种田应该遵循的一般的因地制宜耕种规律："地势有良薄，良田宜种晚，薄田宜种早。良地非独宜晚，早亦无害；薄地宜早，晚必不成实也。山、泽有异宜。山田种强苗，以避风霜；泽田种弱苗，以求华实也。"在《齐民要术》中，贾思勰根据土壤的理化性质将耕地分成不同的类型；《齐民要术》记载的田地类型有良田、薄田、山田、泽田、熟地、不熟地、白土田、黑土田、白地、良软地（白良软地、黑良软地）、清沙良地、白沙地等。各种性质不同的田地适合种植相应不同的农作物。《齐民要术》也有明确的因物制宜观，所谓因物制宜，就是要根据作物的特性把它们种植到适宜的环境中去，这也是十分重要的，因为不同特性的农作物适合栽种于不同理化性质的土壤。地宜是根据土壤情况来安排农作物，物宜则是根据农作物情况来挑选田地，两个方面有机结合才能充分利用土地，发展好农业。关于因物制宜，《齐民要术》中有很多例子，例如，种黍穄，则"地必欲熟"（《齐民要术·黍穄第四》）；种大豆就要"地不求熟"，因为"地过熟者，苗茂而实少"（《齐民要术·大豆第六》）；种旱稻，则"旱稻用下田，白土胜黑土。非言下田胜高原，但夏停水者，不得禾、豆、麦，稻田种，虽涝亦收，所谓彼此俱获，不失地利故也"（《齐民要术·旱稻第十二》）；种蒜，则"蒜宜良软地。白软地，蒜甜美而科大；黑软次之；刚强之地，辛辣而瘦小也"（《齐民要术·种蒜第十九》）。

实际上，《齐民要术》是把因地制宜、因物制宜两个方面有机结合起来的，通过考察研究土地和农作物两者的各自的生态属性，对它们进行合理的选择和搭配，从而制定出最优的耕种策略。这对于田地的充分有效利用，以及我国传统农业的兴旺发达都是具有重大意义的。《齐民要术》中有关因地制宜、因物制宜的详细情况如表 3-9 所示。

表 3-9 《齐民要术》中的因地、因物制宜

农作物	适宜的田地	情况说明
谷	绿豆、小豆底为上，麻、黍、胡麻次之，芜菁、大豆为下。常见瓜底，不减绿豆	良田宜种晚，薄田宜种早。良地非独宜晚，早亦无害；薄地宜早，晚必不成实也。山、泽有异宜。山田种强苗，以避风霜；泽田种弱苗，以求华实也
黍穄	新开荒为上，大豆底为次，谷底为下	地必欲熟
粱秫	薄地	地良多雉尾
大豆	地不求熟	地过熟者，苗茂而实少
小豆	大率用麦底	然恐小晚，有地者，常须兼留去岁谷底下以拟之
麻	良田	不用故墟，故墟亦良，有點叶夭折之患，不任作布也。地薄者粪之
穬麦	非良地则不须种	薄地徒劳，种而必不收。高下田皆得用，但必须良熟
小麦	宜下田	"高田种小麦，稴穇不成穗"
瞿麦	良地、薄田	
水稻	地无良薄，水清则稻美也	无所缘，唯岁易为良
旱稻	用下田，白土胜黑土	非言下田胜高田，但夏停水者，不得禾、豆、麦，稻种，虽涝亦收，所谓彼此俱获，不失地利故也。其高田种者，不求极良，唯须废地。过良则苗折，废地则无草
胡麻	宜白地种	
瓜	良田，小豆底佳，黍底次之	

续表

芋	宜择肥缓土近水处	
葵	地不厌良，故墟弥善	薄即粪之，不宜妄种
蔓（芜）菁	唯须良地，故墟新粪坏墙垣乃佳。	若无故墟粪者，以灰为粪，令厚一寸；灰多则燥不生也。耕地欲熟
蒜	宜良软地	白软地，蒜甜美而科大；黑软地次之。刚强之地，辛辣而瘦小也
薤	宜白软良地	
葱	良地、薄地	其拟种之地，必须春种绿豆，五月掩杀之
蜀芥、芸薹	地欲粪熟	
胡荽	宜黑软、青沙良地	树阴下得，禾豆处亦得
苴、蓼	蓼尤宜水畦种。苴则随意，园畔漫掷，便岁岁自生矣	
姜	宜白沙地	不厌熟
襄荷	宜在树阴下	
苜蓿	地宜良熟	
树		凡栽一切树木，欲记其阴阳，不令转易。阴阳易位则难生。小小栽者，不烦记也
樱桃	宜坚实之地，不可用虚粪也	阳中者还种阳地，阴中者还种阴地。若阴阳易地则难生，生亦不实：此果性，生阴地，既如园圃，便是阳中，故多难得生

续表

茱萸	宜故城、堤、冢高燥之处	凡于城上种茱者，先宜随长短掘堑，停之经年，然后于堑中种茱，保泽沃壤，与平地无差。不尔者，土坚泽流，长物至迟，历年倍多，树木尚小
榆	宜于园地北畔。 其白土薄地不宜五谷者，唯宜榆及白榆	
楮	宜涧谷间种之。地欲极良	
杨柳	下田停水之处，不得五谷者，可以种柳	
柞	宜于山阜之曲	
竹	宜高平之地。近山阜，尤是所宜。黄白软土为良	下田得水即死
红蓝花	地欲得良熟	
蓝	地欲得良	
紫草	宜黄白软良之地，青沙地亦善；开荒黍穄下大佳	性不耐水，必须高田
地黄	须黑良田	

　　宋元继承了传统农业的因地制宜思想，而且有新的发展。比如，南宋的著名农书《陈旉农书》不仅讲了如何因地制宜地利用土地，还讲了如何因地制宜治理土壤，通过对田地的人工的施肥和改良使地力保持"常新壮"。跟《齐民要术》不一样，南宋《陈旉农书》所讨论的农业范围是我国的江南地区，多山，多水，多丘陵，平原少，地势高低起伏大。

　　首先，《陈旉农书》以地势的高低为主要线索，论述了不同地势田

地的不同使用和治理办法。随着地势的由高到低，相应的生态环境发生
巨大的变化，高地一般温度低，多风寒，且容易遭受干旱，而低地则肥沃，
多水，容易挨水淹，因此要采取不同的方法因地制宜。《陈旉农书·地势
之宜》对此就有十分到位的论述："夫山川原隰，江湖薮泽，其高下之势
既异，则寒燠肥瘠各不同。大率高地多寒，泉冽而土冷，传所谓高山多冬，
以言常风寒也；且易以旱干。下地多肥饶，易以潦浸。故治之各有宜也。"
从《陈旉农书》的论述来看，它依据地势的高低不同大体将田地分为高田、
下地、欹斜坡陁之处、深水薮泽四类，对每一类田地的规划方法都进行
了十分恰当的说明。这些精彩的规划内容详如表 3-10 所示。

表 3-10 《陈旉农书》因地制宜的田地利用规划

田地类型	治理办法
高田	若高田视其地势，高水所会归之处，量其所用而凿为陂塘，约十亩田即损二三亩以潴畜水；春夏之交，雨水时至，高大其堤，深阔其中，俾宽广足以容；堤之上，疏植桑柘，可以系牛
下地	下地易以潦浸，必视其水势冲突趋向之处，高大圩岸环绕之
欹斜坡陁之处	欹斜坡陁之处，可种蔬茹麻麦粟豆，而傍亦可种桑牧牛
深水薮泽	深水薮泽，则有葑田，以木缚为田丘，浮系水面，以葑泥附木架上而种艺之。其木架田丘，随水高下浮泛，自不潦溺

从表 3-10 我们可以看出，《陈旉农书》对各类地形的规划是十分
科学合理的。对于易受干旱的高田，则划出占总数 20%—30% 的面积用
于人工开凿陂塘，潴畜高地之水，干旱时便用蓄积的水灌溉田地。对于
易挨水淹的低田，就要勘察水势冲击的地段，按着它的流向筑起高大圩

岸环绕起来，以避免下雨时农田被水淹没。对于高低不平的坡地，则可以种蔬菜、大麻、芝麻、麦、粟和豆子，地边上也可以种桑和牧牛。对于湖泊水深的地方，则可以建造"葑田"：用木头绑成排，做成田丘状，系着浮在水面，用有烂草根盘绕着的泥巴堆在木排上，就在这泥土上种庄稼；这些木排田丘，浮在水面，随水上下，自然不会被水淹没。《陈旉农书》这种巧妙、科学合理的农业用地规划，把每一类土地都用上了，并且用得恰到好处，做到了因地制宜，地尽其用，反映出我国先民无比的聪明和智慧。

在宋代，农业因地制宜地耕种是一个普遍现象。宋代官府发布的劝农文也要求农民要因地制宜地进行耕种，如《南涧甲乙稿》中的《建宁府劝农文》就记载："高者种粟，低者种豆，有水源者艺稻，无水源者布麦，但使五谷四时有收，则可足食而无凶年之患。"真德秀在他的《再守泉州劝农文》中也说："高田种早，低田种晚，燥处宜麦，湿处宜禾，田硬宜豆，山畲宜粟，随地所宜，无不栽种，此便是因地之利。"

其次，对于土壤这个重要生态因子，《陈旉农书》在如何维持土壤肥力平衡，使农田肥沃程度刚好适宜作物生长的理论方面有了突破性的进展。《陈旉农书》认为，土壤类型各种各样，要因地制宜地治理，只要人们治理得当，所有的田都能成为好田。《陈旉农书·粪田之宜》开篇就说道："土壤气脉，其类不一，肥沃硗埆，美恶不同，治之各有宜也。"接着他便叙述了过于肥沃以及贫瘠的田地的不同治理方法，"黑壤之地信美矣，然肥沃之过，或苗茂而实不坚，当取生新之土以解利之，即疏爽得宜也。硗埆之土信瘠恶矣，然粪壤滋培，即其苗茂盛而实坚栗也。虽土壤异宜，顾治之如何耳，治之得宜，皆可成就"。过肥的土壤也不适合种植农作物，会使苗过于茂盛而子实少；当然贫瘠的土壤不适合种植农作物就不用说了。对于过肥的土壤要加入适量新土以使其肥力适中，而对于贫瘠的田地就要施粪肥，使土壤肥沃。不管土壤是过于肥沃还是原本就贫瘠，只要人们治理得当，都能使其成为好田地。而且，对于土壤的治理改良，要求人们针对不同的土壤性质采用不同的改良方法。《陈旉农书·粪田之宜》接着写道："《周礼》草人'掌土化之法以物地，相其宜而为之种'，别土之等差而用粪治。且土之骍刚者粪宜用牛，赤缇者粪宜用羊，以至渴泽用鹿，咸潟用貆，坟壤用麋，勃壤用狐，埴垆用豕，彊㯺用蕡，轻㶞用犬，皆相视其土之性类，以所宜粪而粪之，斯得其理矣。俚谚谓之粪药，以言用粪犹药也。"这里的"骍刚者粪宜用牛，赤缇者粪宜用羊，以至渴泽用鹿……"，论述用这些不同的动物粪便来分别改良不同质地的土壤也许是存在问题的，还有就是，到底是用这些动物的粪便还是用这些动物的骨灰及到底是散在地里改良土质还是拌着种子种下，这些都存在争议。不过，《陈旉农书》这里要表达的治理改良土壤性质的原则思想却是十分正确的，即，要因地制宜地根据土壤性质采取针对性的治理方法，"皆相视其土之性类，以所宜粪而粪之，斯得其理矣"，"用粪犹药也"。

这样通过因地制宜的田地使用规划，和因地制宜的土壤肥力综合平衡治理，并且持之以恒地施肥保持土壤肥力，地力就可以"常新壮"了。

元代，讲究因地制宜的生态农业继续传承和发扬。元代《农桑辑要》说："谷之为品不一。风土各有所宜，种艺之时，早晚又各不同。"《王祯农书》在总结《齐民要术》《周礼》《禹贡》等的因地制宜思想后，要求农家自己学会"审方域田壤之异，以分其类，参土化、土会之法，以辨其种，如此可不失种地之宜，而能尽稼穑之利"，他还在书中绘制了《地利图》，以帮助人们"按图考传"，"熟知风土所别，种艺所宜"。

到了明清时期，因地、因物制宜的思想达到了传统农业的顶峰，出现了现代生态农业的雏形。《天工开物》中记载了因地制宜地耕种酸碱性不同和土质硬度不同的田地的方法，"土性带冷浆者，宜骨灰蘸秧根（凡禽兽骨），石灰淹苗足，向阳暖土不宜也。土脉坚紧者，宜耕陇，叠块压薪而烧之，埴坟松土不宜也"（《天工开物·稻宜》）。指出了种甘蔗所宜土壤，《天工开物·蔗种》："凡栽蔗必用夹沙土，河滨洲土为第一。试验土色：掘坑尺五许，将沙土入口尝味，味苦者不可栽蔗。凡洲土近深山上流河滨者，即土味甘亦不可种。盖山气凝寒，则他日糖味亦焦苦。去山四五十里，平阳洲土择佳而为之（黄泥脚地，毫不可为）。"《农政全书》是中国传统农业的集大成者，在因地制宜方面也对先前的方法进行了系统全面的综合论述。

三、用人力，强调人对农业生态系统的调控作用

农业生态系统与自然生态系统最大的不同点就在于，农业生态系统是由人设计建构出来的，它除了受自然规律制约外还受人的调控。所以，生态农业的建成和顺利运转，人力的积极参与调控和管理是必不可少的。

"夫稼，为之者人也，生之者地也，养之者天也"（《吕氏春秋·审时》），在中国传统农业理论中，"人力"是与"天时""地利"并重的三大要素之一。这就表明，中国传统生态农业的指导思想里并不是一味地要求顺应大自然，还要强调人的主观积极作用，要求人对整个农业生产进行合理的安排、调控和管理，对整个农业生态系统进行积极地干预。中国传统农业的"三才论"其实质就是一种生态系统思想，在指导"人"

如何处理与自然的关系时表现为辩证地看待人与物的关系，自然万物是人的"四肢百体"，人是自然万物和谐共生的维系者。也就是说，"三才论"思想把农业生产中的农作物、天、地、人等因素看作是一个有机统一的整体，而对人的要求则是一方面遵守农业生产中的各种客观自然规律，"不逆天而行"；另一方面则要求人积极主动地认识掌握各种客观自然规律，然后培育优良品种，优化农业结构，改良土壤肥力，提高农业生产率，促进物质循环，保护农业生态环境等，以调控好整个农业生态系统，使其永远维持在最佳状态，实现农业生产的可持续发展。简言之，就是要求在遵守自然规律的前提下充分发挥人的主观能动作用，使人与自然和谐发展，共同繁荣。

在传统农业中，是非常强调"人力"的作用的。《荀子·富国》说，"掩地表亩，刺草殖谷，多粪肥田，是农夫众庶之事也"；又说"今是土之生五物谷也，人善治之，则亩数盆，一岁再获之"。《管子·八观》的论述则凸显了人力在农业体系中的必要性，"耕之不深，芸之不谨，地宜不任，草田多秽，耕者不必肥，荒者不必硗，以人猥计其野，草田多而辟田少者，虽不水旱，饥国之野也"；又"彼民非谷不食，谷非地不生，地非民不动，民非作力毋以致财"。光是按部就班地去田里耕作还不行，要想把农业生产搞好，还要积极地探索自然规律，并利用它为农业生产服务，《韩非子·难二》记载："务于畜养之理，察于土地之宜，六畜遂，五谷殖，则入多……入多，皆人为也。"

传统生态农业对人力的强调是与顺天时、因地利相结合的有机的辩证强调。如《管子·禁藏》说："顺天之时，约地之宜，忠人之和，故风雨时，五谷实，草木美多，六畜蕃息。"西汉刘安著《淮南子·主术训》

也说 :"上因天时，下尽地财，中用人力，是以群生遂长，五谷蕃殖；教民养育六畜，以时种树，务修田畴，滋植桑麻，肥硗高下各因其宜；丘陵阪险，不生五谷者，以树竹木，春伐枯槁，夏取果蓏，秋畜疏食，冬伐薪蒸，以为民资。"

北魏著名农书《齐民要术》强调人要对农业生态系统进行积极主动的调控，像注重物质循环利用、巧施绿肥、合理密植、轮作、间作套种，以及对天时、地利、阳光、水、温度等生态因子进行积极地掌握和调控等都可以说是发挥人的主动性的生动例子。此外，《齐民要术》还叙述了综合利用各种因素，趋利避害，优化农田生态系统的例子，例如，《齐民要术·种麻子第九》记载："凡五谷地畔近道者，多为六畜所犯，宜种胡麻、麻子以遮之。胡麻，六畜不食；麻子啮头，则科大。收此二实，足供美烛之费也。"农业生产是社会经济的基础，《齐民要术》中的一些论述还含有生态经济学的意味；对于经济作物要根据市场决定栽种量，因地制宜，尽量提高耕种者的收益。例如，《齐民要术·种胡荽第二十四》："近市负郭田，一亩用子二升，故概种，渐锄取，卖供生菜也。外舍无市之处，一亩用子一升，疏密正好。"《齐民要术》论述和提倡的是在遵循自然规律的前提下，积极发挥人的主动调控作用。自然规律必须遵循，因为"顺天时，量地利，则用力少而成功多。任情返道，劳而无获。入泉伐木，登山求鱼，手必虚；迎风散水，逆坂走丸，其势难"（《齐民要术·种谷第三》）。仅遵循自然规律还不够，还需要人的积极干预，农业生态系统才能良性发展；贾思勰引用《淮南子》的话对此作了总结，"上因天时，下尽地利，中用人力，是以群生遂长，五谷蕃殖"（《齐民要术·种谷第三》）。

南宋的《陈旉农书》强调掌握客观规律，要求人管理好农业生态系统。

《陈旉农书》对自然规律的根本特点有了进一步的认识。自然规律的一个特点是能够重复，因而具有普遍性和必然性，陈旉称之为"常"和"必"，而把与之相对的偶然性称之为"幸"。他认为，农业上遵循的法则应该建立在这种具有普遍性和必然性的自然规律的基础上，求取其"必效"，而不应该把希望寄托在侥幸成功之上。《陈旉农书·蚕桑叙》明确写道："古人种桑育蚕，莫不有法。不知其法，未有能得者，纵或得之，亦幸而已矣。盖法可以为常，而幸不可以为常也。""法"，就是合乎自然规律或者善于运用自然规律的方法或技术措施。总之，《陈旉农书》要求人们掌握客观规律，依照并利用客观规律，管理好农田生态系统，使作物丰收高产。《陈旉农书·天时之宜》说："然则顺天地时利之宜，识阴阳消长之理，则百谷之成，斯可必矣。"在《天时之宜》篇，陈旉精彩地论述了农作物的种植时间应以当地当年的实际气候情况为准则，不要生搬硬套古代日历中规定的时令，因为就是同一地方每年的气候也有变化，更不用说不同的地方了。《陈旉农书·天时之宜》说："四时八节之行，气候有盈缩踦赢之度。五运六气所主，阴阳消长有太过不及之差。其道甚微，其效甚着。……今人雷同以建寅之月朔为始春，建巳之月朔为首夏，殊不知阴阳有消长，气候有盈缩，冒昧以作事，其克有成耶？设或有成，亦幸而已，其可以为常耶？"《陈旉农书》全书的主要内容就是陈旉对各种自然规律的总结，比如前面所论述的施肥、土地利用规划、地宜物宜时宜相结合种植等等。当然，还有更多的客观规律有待人们去探索总结。这里，陈旉要求人们掌握客观规律，依照并利用客观规律，管理好农田生态系统，这种指导思想是十分正确和先进的。

《陈旉农书》在论及人如何管理农田生态系统上，是花了很大篇幅的。

这个对于管理者"人"的学问，从传统农学思想"三才论"看，就是对三才"天、地、人"之一的"人"的论述。在《陈旉农书》卷上的十二宜中，有关人如何经营管理农业的内容就占了六篇，可见所占篇幅之大和陈旉对"人"重视程度之深。我们知道，农业生态系统是在人的管理下建立的，是有别于自然界的生态系统的；人既是这个生态系统中的一员，也是这个生态系统的管理者和调控者，是这个生态系统的核心。《陈旉农书》对农业生态系统的管理，可以分为两个方面，一个是对农业生产技术的掌握和应用，例如对地宜物宜时宜、粪肥、治田、治苗等等各种科技的掌握和使用；另一个是对农业生产过程中有关财力、器具的管理以及劳动者本身应该如何合理地经营与规划。前一个方面，可以称为纯自然科学的内容，后一个方面是与经济有关的如何经营的学问。在《财力之宜》篇，陈旉要求农田的经营者"量力而为之"，要想农业丰收，关键是善始善终地管理好农田，"既善其始，又善其中，终必有成遂之常矣"；如果只是一味地贪图田多，而不注重管理，或者是财力、人力不足管理不过来，最后反而会没有收成。即所谓，"倘或财不赡，力不给，而贪多务得，未免苟简灭裂之患，十不得一二，幸其成功，已不可必矣。虽多其田亩，是多其患害，未见其利益也"。总之，陈旉主张的是"多虚不如少实，广种不如狭收"，"农之治田，不在连阡跨陌之多，唯其财力相称，则丰穰可期也审矣"。在《居处之宜》篇，陈旉认为农田经营者的居所应该靠近田地，这样可以方便农事，"民居去田近，则色色利便，易以集事"，"近家无瘦田，遥田不富人"。在《器用之宜》篇，陈旉强调要修缮、管理、保养好各种农业器具，以备农耕时用，"工欲善其事，必先利其器。器苟不利，未有能善其事者也"，"苟一器不精，即一事不举，不可不察也"。

在《念虑之宜》篇，陈旉主张在农事未开始之时，就要有一个好的规划，然后要有意志力把这个规划从头到尾地执行好，即"凡事豫则立，不豫则废……农事尤宜念虑者也"，"惟志好之，行安之，乐言之，念念在是，不以须臾忘废，料理缉治，即日成一日，岁成一岁，何为而不充足备具也"。

元代的《王祯农书》对于人力也是高度重视。跟先前的农学家一样，王祯也是一如既往地高度重视人力。从用意上看，王祯是希望天下的农夫们勤奋地耕种田地，认真地进行农业生产活动。王祯主要从社会的角度来论述人力的重要性。

首先是从思想道德层面，王祯认为努力勤奋耕田与社会上最重要的道德之一——"孝弟"二者是并立的，因而勤奋耕田不仅是一种劳动还成了一种美德。《王祯农书·孝弟力田篇第三》说："孝弟、力田，古人曷为而并言也？孝弟为立身之本，力田为养生之本，二者可以相资，而不可以相离也"。其次，王祯认为从社会地位上来看，农民在天下四民当中是居于第二位的，仅次于作为"天下务本之士大夫阶层"的。《王祯农书·孝弟力田篇第三》说"夫天下之务本莫如士，其次莫如农"。而天下四民的地位排列顺序由高到低分别是：士、农、工、商。农业是本业，务农者就叫务本者，而其他的行业，如工业和商业等则属于末业。《王祯农书·孝弟力田篇第三》说"士为上，农次之，工商为下：本末轻重，昭然可见"。"士"的本业就是学习，而农夫的本业就是耕田种地，"士之本在学，农之本在耕"（《王祯农书·孝弟力田篇第三》）。而"士"与"农"之间也并不是天壤之别，农民会经常学习，而"士"也少有不耕作的。农民是忙则干农活，闲则学习读书，"聚则行射饮，正齿位，读教法；散则从事于耕，故天下无不学之农"；而"士"大多数也是自己躬耕农田的，如："帝舜，圣人也……耕于历山；伊尹……耕于莘野；其他如冀缺、长沮、桀溺、荷蓧丈人之徒，皆以耕为事。故天下亦少不耕之士。"（《王祯农书·孝弟力田篇第三》）再次，王祯认为统治者应当要树立一种重视农业的制度，真正地使人们务本业，勤于耕种。王祯对历史上汉唐时期的重农轻工商的政策是大为推崇的，称其为"崇本抑末"；对于当时元朝推行的一些重农政策王祯也是大为赞赏。例如，《王祯农书·孝弟力田篇第三》记载："今国家累降诏条：如有勤务农桑、增置家业、孝友之人，从本社举之，司县察之，以闻于上司，岁终则稽其事；或有游惰之人，亦从本社训之，不听，则以闻于官而别征其役：此深得古先圣人化民成俗之意。"对于执政者应当制定政策管理农业、劝农、助农等，王祯在《劝助篇》作了详细的论述。王祯认为好逸恶劳是人之常情，而稼穑则是辛苦活，为政者应当明示赏罚，以奖励勤劳而率懒惰。《王祯农书·劝助篇》说："盖恶劳好逸者，人之常情，偷惰苟且者，小人之病；上之人苟不明示赏罚以劝助之，则何以奖其勤劳而率其怠倦欤？"执政者还应当要关心和帮助有困难的农民，这也是行政长官应尽的职责之一。王祯借用古之理想政策和古之理想君王的事迹来表达这个意思。《王祯农书·劝助篇》说："古者，春而省耕，非但行阡陌而已；资力不足者，诚有以补之也。秋而省敛，非但观刈获而已；食不给者，诚有以助之也。成王适于田，'以其妇子'之'馌彼南亩'，'攘其左右'而'尝其旨否'。爱民如此，田野安得而不治？黍稷安得而不丰？文帝所下三十六诏，力田之外无他语，减租之外无异说，逐末之民，安得而不务本？太仓之粟，安得而不红腐？此上之人重农如此。"行政长官除了劝勉农民勤劳耕种之外，还应当要管理和组织好农业生产，向农民传授各种先进的农业科学技术，以帮助农民发展生产。

　　只要是与人密切相关的问题，就不会仅仅是自然科学的问题，它一定也会是一个社会的问题。过去是这样，现在是这样，将来还会是如此。王祯在他所知道的知识范围之内，对如何发展农业和如何对待从事农业的人作了解释和论述。我们姑且不讨论其观点正确与否，单就其论述的角度和出发点就给了我们有益的启示——我们今天的生态文明建设也不仅仅是处理人与自然关系的问题，或许更重要的是先要处理好人与人之间的利益关系；人与自然的和谐发展首先有赖于人与人之间的和睦共处以及人类和谐社会的建立和维系。

　　明代的科技名著《天工开物》强调人对农业生态系统的调控作用。《天工开物》里强调发挥人对农业生态系统进行积极主动的调控的作用，其所述的生态施肥法，重视水的作用等都可以说是发挥人的主动性的生动例子。《天工开物》中还有很多强调人要积极干预农业生产的论述，例如，对于贫瘠的田地，需通过人工施肥加以改良，"凡稻，土脉焦枯，则穗实萧索。勤农粪田，多方以助之"《天工开物·稻宜》）。田地要精耕细作，使其达到最适合农作物生长的状态，"凡一耕之后，勤者再耕三耕，然后施耙，则土质匀碎，而其中膏脉释化也"（《天工开物·稻工》）。要注意管理农作物，为其除草、松根，以促进其生长而获得丰收；水稻插秧长青叶后，要"植杖于手，以足扶泥壅根，并屈宿田水草使不生也。凡宿田茵草之类，遇籽而屈，折而稊稗，与茶蓼非足力所可除者，则耘以继之"（《天工开物·稻工》）。小麦播种生苗后，要"耨不厌勤（有三过四过者），余草生机尽诛锄下，则竟亩精华尽聚嘉实矣。功勤易耨，南与北同也"（《天工开物·麦工》）。对于种植的作物，遇天旱则人工灌溉，遇水涝则想法排水，"天泽不降，则人力挽水以济"（《天工开物·水利》），

"泄以防潦，溉以防旱"（《天工开物·稻工》），等等。

但是，这里的对人的主动性的强调是在人与自然和谐相处的条件下进行的，并不存在征服自然、掠夺自然的思想；宋应星在《天工开物》第一卷（《乃粒第一》）的引言部分就写道："生人不能久生，而五谷生之。五谷不能自生，而生人生之。"人自身不能长期生存，要靠五谷养活；五谷又不能自己生长，要靠人们去种植。从字面上理解就是人与五谷是互相依存，谁也离不开谁；但是人是只靠五谷养活的吗？即便如此，五谷也有五谷的生长环境，如果五谷的生长环境遭到破坏，人是种不活五谷的，这样人也就失去生活的依靠了。因此，这里表述的其实就是人与自然是互相依存的，人与大自然要和谐相处，和谐共生。

明清之际的《补农书》突出重视人对农业生态系统的管理。"农桑之务，用天之道，资人之力，兴地之利，最是至诚无伪"（《补农书·总论》）。张履祥概括出，农业生产的顺利进行需要"天、地、人"三者的有机结合。其实在这三者当中，"天之道"和"地之利"都是处于一种被动的地位的，分别是"用"和"兴"的对象，而这种动作的施予者就是人类；人是这三者中唯一的主动方。单从主被动方来分析，农业生产就是人们通过使用自己的劳力来利用自然界的光、温、水、肥、气等条件，来发挥土地的生产潜力。可见，"人"在"天、地、人"这个农业生态系统中是具体的建造者和管理者，是居于核心地位的，这也反映出《补农书》的作者对人力的高度重视。从前面已有过的分析来看，无论是广开生态肥源，将各种有营养元素的废弃物还田做肥料，还是整合农业的各个生产部门，将种植业与养殖业联系成一个物质上循环利用、能量上多层次利用的生态系统，抑或是生态庄园的设计，抑或是顺应天时、因地因物制宜地耕种，等等，都是发挥人的主观能动性对自然界进行改造的结果，都是对人力的强调和重视的结果。

《补农书》论述的是明末清初时期的地主经济，田地的农活除了自己经营外就是靠雇工经营，因此如何处理好地主与雇工之间的关系，如何使雇工尽心尽力地工作就成了农业生产中的有关"人"的主要问题之一。无论是沈氏还是张履祥对这个问题都有比较详细的讨论，这也是《补农书》重视"人力"一个侧面的反映。沈氏详细地介绍了对雇工的伙食供给规则，其中既介绍了流传下来的旧规也介绍了沈氏自己建议的规则。从总体上看，沈氏对待雇工的中心思想和态度是善待雇工，尽量给雇工较好的伙食，做到与人为善，建立和谐的主雇关系。这些，我们从他的一些论述和他建议的伙食标准与旧规的比较中可以看出。沈氏说："供给之法，亦宜优厚。炎天日长，午后必饥；冬月严寒，空腹难早出。夏必加下点心，冬必与以早粥。若冬月雨天，罱泥必早与热酒，饱其饮食……至于妇女丫鬟，虽不甚攻苦，亦须略与滋味……故云：'善使长年恶使牛'，又云：'当得穷，六月里骂长工'，主人不可不知。"（《补农书·运田地法》）可见，沈氏主张的对待雇工的态度和方法是善待工人。沈氏主张的伙食标准也都比旧规要丰盛，荤菜多，现列举一条作为代表说明。《补农书·运田地法》记载："旧规：夏秋一日荤，两日素。今宜间之，重难生活连日荤。"按老规矩，夏秋两季一天荤，两天素菜，现在应当改成间日供给，即一天荤菜一天素菜，而做重、难工作时则连日荤菜。张履祥先生主张的对待雇工和佃户的中心思想和态度与沈氏差不多，也是要好酒好肉招待雇工，按时、按质、按量发放工钱，平日里多关心佃户，问寒问暖，主动为佃户解决困难。从内容上看，张履祥先生比沈氏论述得更为详尽，他详细介绍了如何选择工人，如何招待工人，如何体恤安抚佃户等各个方面。从目的上看，他是要建立良好和谐的主雇关系，使之如一家人一样，用他自己的话说就是："收租之日，则加意宽恤，仆人积弊，极力革除。至于凶灾、争诉、疾病、死丧及茕独贫厄，总宜教其不知而恤其不及，须令情谊相关，如一家之人可也。"同时，张履祥非常反对那些胡作非为，欺男霸女的地主，并且对这种现象和事情进行了严厉批评和指责。总之，这里展现的思想是，要建立人与人之间的和谐关系，然后再建立人与自然之间的和谐关系，使"天、地、人"三者和合统一，实现人类社会的永续健康发展。

第二节　生态施肥思想

美国农业部土地管理局原局长 (King)1911 年在《四千年的农民》一书中指出，中国传统农业长盛不衰的秘密在于中国农民勤劳、智慧、节俭，善于利用时间和空间提高土地利用率，并以人畜粪便和一切废弃物、塘泥等还田培养地力。他这里指出了中国传统农业精耕细作里的一个重要特点，即注重物质循环利用的生态施肥思想。在传统农业的施肥思想中，还有一种重要的施肥方式是利用植物的特性，巧施绿肥，这也是今天我们的生态农业所大力提倡的施肥方式之一。

一、物质循环利用，废弃物资源化、变废为宝

生态农业是根据生态学原理来建设的，在生态农业系统中，物质的利用要遵循物质循环原理。即物质从自然环境中进入生物体，然后再从生物体回到自然环境的循环。在农田生态系统中，要通过人的干预尽量使各种营养物质在这个系统中循环，以维持农田生态系统的"青年"状

态，从而持续获得较高的农业生产率。由于农业产品的转移以及水土流失，农田中总会损失一部分养分，人工施肥增加农田肥力是农业生产中一个必不可少的工作。人工施肥的好坏将会对农田生态系统产生巨大的影响，如今现代农业大量使用化肥，会使田地结板、盐碱化，使田地丧失生长农作物的能力。将农业废弃物，如粪便、秸秆、生活垃圾等，进行循环利用是现代生态农业的重要内容和理论原则，每一部介绍生态农业的著作都会论述这个问题，甚至还有这方面的专著，如卞有生学者就在他的著作《生态农业中废弃物的处理与再生利用》里专门讨论了农业废弃物的循环利用问题。

中国传统农业很重视物质的循环利用，把人畜粪便、农作物秸秆等各种废弃物处理后转变为肥料，使其资源化、变废为宝。这样既肥沃了田地，保持了地力的"常新壮"，又减少了环境污染，保护了生态环境，可谓一举两得。春秋战国时期的《吕氏春秋·任地》就记载了要给贫瘠的田地施肥的思想，"棘者欲肥"，但还未见怎样施肥的具体记载。西汉的《氾胜之书》明确叙述了用农业废弃物和人畜粪便还田作肥料，物质循环利用的方法。《氾胜之书》的粪肥思想很丰富，从今天所残存的内容看，用于还田做肥料的废弃物有蚕矢（即蚕屎）、马骨、牛骨、羊骨、猪骨、麋骨、鹿骨、麋矢（即麋屎，下同）、鹿矢、羊矢、缲蛹汁、溷中熟粪（坑中腐熟过的人粪尿）等，种类已经很多了。这些废弃物的返还农田做肥料，一方面增加了土壤肥力，维护了农田生态系统的物质循环，另一方面也减少了环境污染，有利于建立清洁的人类居住环境。

《氾胜之书》非常重视施粪肥，其概括的耕种田地的总原则就包括"务粪泽"，"务粪"就是要注意施粪肥。在所有的粪肥当中，可以说《氾胜之书》最器重的就是蚕矢，例如以原蚕矢给禾做种肥，能够使禾不生虫，"薄田不能粪者，以原蚕矢杂禾种种之，则禾不虫"；又"种瓠法……蚕矢一斗，与土粪合"。如果没有蚕矢也可用常见的沤熟过的人粪替代，例如"种麻……树高一尺，以蚕矢粪之，树三升；无蚕矢，以溷中熟粪粪之亦善，树一升"。文中还有很多未说明是何种粪的，例如，"区种大豆法：坎方深各六寸……其坎成，取美粪一升，合坎中土搅和，以内坎中"；"又种芋法，宜择肥缓土近水处，和柔粪之"；"区种瓜：一亩为二十四科。……一科用一石粪，粪与土合和，令相半"；等等。这些未说明种类的粪肥，根据上下文推测理应就是蚕矢、人畜粪便和其他有肥力的废弃物。

《氾胜之书》还叙述了著名的"溲种法"，类似于今天的下种肥，其肥料来源涉及到蚕矢（即蚕屎）、马骨、牛骨、羊骨、猪骨、麋骨、鹿骨、麋矢（即麋屎，下同）、鹿矢、羊矢、缫蛹汁等废弃物。

《氾胜之书》云："又马骨锉一石，以水三石，煮之三沸；漉去滓，以汁渍附子五枚；三四日，去附子，以汁和蚕矢羊矢各等分，挠令洞洞如稠粥。先种二十日时，以溲种如麦饭状。常天旱燥时溲之，立干；薄布数挠，令易干。明日复溲。天阴雨则勿溲。六七溲而止。辄曝谨藏，勿令复湿。至可种时，以余汁溲而种之。则禾不蝗虫。无马骨，亦可用雪汁，雪汁者，五谷之精也，使稼耐旱。常以冬藏雪汁，器盛埋于地中。治种如此，则收常倍。"

又，"验美田至十九石，中田十三石，薄田一十石，尹择取减法，神农复加之骨汁粪汁溲种。锉马骨牛羊猪麋鹿骨一斗，以雪汁三斗，煮之三沸。以汁渍附子，率汁一斗，附子五枚，渍之五日，去附子。捣麋鹿羊矢等分，置汁中熟挠和之。候晏温，又溲曝，状如后稷法，皆溲汁干乃止。若无骨者，煮缲蛹汁和溲。如此则以区种，大旱浇之，其收至亩百石以上，十倍于后稷。此言马蚕皆虫之先也，及附子令稼不蝗虫；骨汁及缲蛹汁皆肥，使稼耐旱，终岁不失于获"。

纵观《氾胜之书》所记载的这两种溲种法，其原理和内容要点基本上是一样的，只有一些细节上的差别。总的来讲，溲种法的原理就是要在种子外面包上一层肥力丰富，并且附加杀虫药物的粪壳，像鱼皮花生在花生米外面套上糖衣一样，我们今天农业生产上的"种子包衣技术"与此类似。溲种法的肥料功效大致相当于今天的"种肥"，即与播种同时施下或与种子拌混的肥料。溲种法在种子外面套上的是一层以"蚕矢、羊矢"为主的粪壳。分析溲种法原料的肥力效能，可以看出主要起肥力作用的是"蚕矢、麋矢、鹿矢、羊矢"等这些含养料丰富的动物粪便。马骨或其他兽骨的沸煮汁含有骨胶，它的主要作用是黏合蚕屎、羊屎等动物粪便（当然，这些骨汁也是含有一些肥料的），以利于这些粪便包在种子上。正因为骨汁不是主要的肥力者，所以在没有兽骨的时候可以用"雪汁""煮缲蛹汁"代替。笔者推测，就是用雨水或者江、河、湖、井水等较干净的水代替也会很不错。北方旱作农业区的井水含盐碱较多，不适合农业，而"雪汁"是纯水，其效果当然胜过盐碱水，这也许是氾胜之推荐"雪汁"，并认为"雪汁"很好的原因。附子是一种有剧毒的中药，它在防治地下害虫方面可能有一定效果。总之，肥力丰富的种肥使作物幼苗生长旺盛，再加上附子的抗虫防病作用，当然就可以使作物免于或减少病虫害了。"雪汁者，五谷之精也"以及"马蚕皆虫之先也"等为迷信成分。1988年，北京农业大学的学者阎万英、梅汝鸿用现代实验对"溲种法"进行验证，其结果是"用溲种法处理种子，小麦与谷子在苗期根系发达，植株长势旺盛"，"附子的杀虫作用，在谷子田间小区试验中显示出一定效果"，"溲种法的增产、抗寒效果，并不亚于现代技术处理种子"[1]。

随着传统农业的发展，农业废弃物循环利用的方法进一步发展。北魏《齐民要术》注重物质的循环利用，把各种农业废弃物如秸秆、壳秕等经牛践踏，堆聚沤肥处理后转变为肥料，返施于田中；使这些废物资源化、变废为宝。《齐民要术·杂说》记载：

> 其踏粪法：凡人家秋收治田后，场上所有穰、谷䅒等，并须收贮一处。每日布牛脚下，三寸厚；每平旦收聚堆积之；还依前布之，经宿即堆聚。计经冬一具牛，踏成三十车粪。至十二月、正月之间，即载粪粪地。计小亩亩别用五车，计粪得六亩。均摊，耕，盖着，未须转起。

意思是说，秋收以后，把田场上所有遗散的稿秆、残叶经牛践踏后堆聚沤肥，到十二月、正月间再把沤好的肥料施于农田中。这种施肥法与生态农业中所强调的遵循物质循环理念是一致的。农作物的秸秆、残叶等废弃物本身含有从田地吸收来的氮、磷、钾等植物生长所必需的营养元素，如果任意将这些杂物丢弃，则会逐步削弱农田的肥力。而"踏粪法"就是把这些营养物质重新返回农田，最大限度地保持农田的肥力，实现农田的持续生产。另外，这种施肥方法还增加了农田的有机肥料。

---

[1] 阎万英，梅汝鸿. 古今包衣技术处理种子的比较 [J]. 农业考古，1989(1):146-153, 458.

这种做法既肥沃了田地，又减少了环境污染，保护了生态环境。

除了用牛踏粪制肥外，各种人畜粪便也是《齐民要术》所记载的主要肥料，特别是"蚕矢、熟粪"，尤为推荐。在农作物的下种和移栽时，《齐民要术》多主张用粪肥打底，如，贾思勰引用氾胜之的区种大豆法，底肥为"其坎成，取美粪一升，合坎中土搅合"，一亩"用粪十二石八斗"（《齐民要术·大豆第六》）。种麻，则"地薄者粪之。粪宜熟"（《齐民要术·种麻第八》）。种桃，选好桃核后，"即内牛粪中，头朝上；取好烂粪和土，厚覆之，令厚尺余"（《齐民要术·种桃柰第三十四》）。此外，书中还有很多类似这样施用粪肥的记载。

由于田各有差，土各有异，为了达到改良土壤，保持田地肥力"常新壮"的目的，需根据不同的土壤类型而施用不同的肥料。南宋《陈旉农书》的《粪田之宜》篇记载："土壤气脉，其类不一，肥沃硗埆美恶不同，治之各有宜也。"接着便引用了"周礼草人掌土化之法"，要求因地制宜地对田地进行施肥改良。《陈旉农书》在农田肥料来源上较以前的农书有较大的发展。考察《陈旉农书》的肥料种类，大体可分为废弃物还田做肥料和直接沤罨田里的杂草做肥料两类。其中，利用各种废弃物还田做肥料是《陈旉农书》的主要肥料来源，而且这方面较以前有了长足的发展进步。

有关《陈旉农书》还田做肥料的废弃物，可以说是涉及到了生活垃圾和农业废物的方方面面，这些可以用作农田肥料的垃圾有：扫除之土、烧燃之灰、簸扬之糠秕、断槁落叶、簸谷壳、涤器肥水、腐槁败叶、铲薙枯朽、麻枯、火粪、燖猪毛、窖烂粗谷壳、人畜粪便、鳗鲡鱼头骨煮汁等。《陈旉农书》的粪肥思想主要进步之一表现在如何收集和使用这些废弃物做肥料的方法上。这些方法有以下这几种：

一是置粪屋，收集肥料。《陈旉农书·粪田之宜》说："凡农居之侧，必置粪屋，低为檐楹，以避风雨飘浸。且粪露星月，亦不肥矣。粪屋之中，凿为深池，甃以砖甓，勿使渗漏。凡扫除之土，烧燃之灰，簸扬之糠粃，断槁落叶，积而焚之，沃以粪汁，积之既久，不觉其多。凡欲播种，筛去瓦石，取其细者，和匀种子，疏把撮之。待其苗长，又撒以壅之。何患收成不倍厚也哉！"这里谈论的主要是收集日常生活垃圾如扫除之土、簸扬之糠粃、断槁落叶等，处理办法是把它们"积而焚之、沃以粪汁"，然后把它们积累在粪屋里。当然，粪屋也是很讲究的，要求是"低为檐楹，以避风雨飘浸"，因为"粪露星月，亦不肥矣"；此外，在粪屋之中还要"凿为深池，甃以砖甓，勿使渗漏"。使用方法是，在播种的时候，将粪屋中的肥料"筛去瓦石，取其细者，和匀种子，疏把撮之"，苗长出后又再次施肥。

二是沤池积肥。在《陈旉农书·种桑之法》篇陈旉叙述了非常适宜于给桑和苎麻套种作肥料的烂谷壳糠槁的聚集方法："聚糠槁法，于厨栈下深阔凿一池，结甃使不渗泄，每春米即聚砻簸谷壳，及腐槁败叶，沤渍其中，以收涤器肥水，与渗漉泔淀，沤久自然腐烂浮泛。"收集糠槁的方法是，在厨房地下挖一个深阔的池，砌上砖使不渗漏，每逢春米，就收聚砻簸谷壳，以及腐槁败叶，放在池里沤渍，并收聚洗碗水和淘米水等，沤久了，自然就腐烂精熟。《陈旉农书·种桑之法》接着说："一岁三四次出以粪苎，因以肥桑，愈久而愈茂，宁有荒废枯摧者？"用这样沤池积聚的烂谷壳糠槁一年给苎麻施肥三四次，也会因此而肥桑，使桑树越久越茂盛，怎么会有荒废枯败呢？

　　三是对麻枯和人粪的发酵处理。陈旉在《陈旉农书·善其根苗》论述了发酵处理麻枯的方法："秧田……以粪壅之，若用麻枯尤善。但麻枯难使，须细杵碎，和火粪窖罨，如作曲样；候其发热，生鼠毛，即摊开中间热者置四傍，收敛四傍冷者置中间，又堆窖罨；如此三四次，直待不发热，乃可用，不然即烧杀物矣。"给秧田壅肥，如果能用上麻枯饼尤其好，但是，麻枯难使用，必须要捣碎舂细，拌合火粪堆积窖罨，就像酿酒作曲样；等到它发热生毛了，就摊开中间热的放在四旁，收聚四边冷的放到中间，再堆积窖罨；如此反复三四次，一直到不发热了，才可以使用，否则就会烧杀秧苗。会烧杀作物的不仅是麻枯，人的生粪便也是如此，此外，生大粪因为往往含有各种病菌，会使接触的人得病，因此不能用生大粪给作物施肥。《陈旉农书·善其根苗》说："切勿用大粪，以其瓮腐芽蘖，又损人脚手，成疮痍难疗。……多见人用小便生浇灌，立见损坏。"如果要用大粪作肥料该怎么办呢，同样的处理方法，也是把大粪进行堆沤发酵，使大粪烂熟，病原体被消灭。《陈旉农书·善其根苗》说："若不得已而用大粪，必先以火粪久窖罨乃可用。"从《陈旉农书》这样的记载，我们可以推测，那时候大粪已然成为了主要的肥料之一，人们已经很普遍地使用大粪给作物做肥料了。只有这种情况已经很常见了，才会有"多见人用小便生浇灌，立见损坏"的现象。《陈旉农书·种桑之法》还有用小便给桑苗作肥料的记载，桑苗"五七日一次，以水解小便浇沃，即易长"；以及大一些的幼桑，"觉久须浇灌，即揭起瓦片子，以瓶酌小便，从竹筒中下，直至根底矣；浇毕，依前以瓦片子盖筒口"。

　　四是烧制火粪、土粪。《陈旉农书·善其根苗》三次提到火粪，但通观全书，却并没有详细介绍火粪是怎样来的。在《陈旉农书·粪田之宜》写有"凡扫除之土，烧燃之灰，簸扬之糠粃，断槁落叶，积而焚之"，很有可能这就是火粪。陈旉认为，火粪是很好的肥料，给秧田做肥料很好，"唯火粪与焊猪毛及窖烂粗谷壳最佳"（《陈旉农书·善其根苗》）；另外，麻枯和大粪的发酵处理也都需加入火粪。对于什么是土粪，《陈旉农书》也没有明确说明，只是《六种之宜》篇提到，"烧土粪以粪之，霜雪不能雕"；《种桑之法》篇提到，"以肥窖烧过土粪以粪之，则虽久雨，亦疎爽不作泥淤沮洳"。万国鼎先生认为，土粪大概就是火粪。也可能火粪含土较少，更近于焦泥灰，而土粪含土较多，更近于熏土；但二者并不能截然区分。

《陈旉农书》论述的第二类肥源就是田地里的杂草、枯槁败叶等。《陈旉农书·薅耘之宜》篇论述了利用田间杂草的总体思想："《诗》云：'以薅荼蓼，荼蓼朽止，黍稷茂止。'记礼者曰：'季夏之月，利以杀草，可以粪田畴，可以美土疆。今农夫不知有此，乃以其耘除之草，抛弃他处，而不知和泥渥浊，深埋之稻苗根下，沤罨即久，即草腐烂而泥土肥美，嘉谷蕃茂矣。'"可见，总的思想原则就是把薅除的杂草以及枯槁败叶等深埋在田里，让其自然腐烂，使土壤肥美。在冬天耕田的时候把杂草和禾苗根茬翻掩在田里，经过雪霜冰冻和长时间的埋沤，这些根荄都会腐朽，成为好肥料，增加田地的肥力，"于冬日至而耡之，谓所种者已收成矣，即并根荄犁鉏转之，俾雪霜冻沍，根荄腐朽，来岁不复生，又因得以粪土田也"（《陈旉农书·薅耘之宜》）。不仅种植庄稼可以掩埋杂草、枯槁败叶做肥料，种植桑树也可以这样。《陈旉农书·种桑之法》说："至十月，又并其下腐草败叶，鉏转蕴积根下，谓之罨蒪，最浮泛肥美也。"这些杂草和枯槁败叶不仅可以掩埋于田下做肥料，把它们收集起来在田里遍铺焚烧，还可以使土壤变暖，避免寒泉洌水对作物的伤害。《陈旉农书·善其根苗》说："积腐槁败叶，铲薙枯朽根荄，徧铺烧治，即土暖且爽。"又，《陈旉农书·耕耨之宜》说："山川原隰多寒……当始春，又徧布朽薙腐草败叶以烧治之，则土暖而苗易发作，寒泉虽冽，不能害也。"

元代，充分利用各种可作肥料的废弃物的思想得到了进一步发展。从《王祯农书》看，其《粪壤篇第八》里继承和引用了《齐民要术》的"踏粪法"和《陈旉农书》的粪肥思想，并将其分门别类，提出"苗粪、草粪、火粪、泥粪之类"，王祯在书里明确表达了把一切可用作肥料的废弃物归还农田，以保持和增加农田的肥力。"夫扫除之猥，腐朽之物，人视之而轻忽，田得之为膏润。唯务本者知之，所谓'惜粪如惜金'也，故能变恶为美，种少收多"（《王祯农书·粪壤篇第八》）。扫除的污秽，腐朽的东西，人们看不上忽视它，但是农田得到后就能成为膏腴之地。只有务本的人才知道，即所谓的"惜粪如惜金"，因此能够变恶为美，种少收多。

明清时期，各种农家有机肥的制作、使用达到了传统农业的顶峰。明朝徐光启的《农政全书·营治下》篇里全面系统地总结了以前农书里记载的各种施肥方法，如踏粪法、苗粪、草粪、火粪、泥粪，用石灰为粪治水冷之田。要求农家"必治粪屋"，"为圂之家，于橱栈下，深阔凿一池"用于收集"扫除之草秽，燃烧之灰，簸扬之糠秕，断槁落叶"以及"砻簸谷壳，腐草败叶，沤渍其中"。然后用这些沤好的肥料去粪田，则"何物不收？"他引用《王祯农书》里的话，"惜粪如金"，"粪田胜如买田"，可以说他在这里进一步将我国的传统施肥方法发扬光大。同时期的著名科学家，宋应星在他的科技名著《天工开物》也记载和论述了变废为宝、物质循环利用的粪肥方法。《天工开物》的主要施肥措施是利用人畜粪便、农作物秸秆、枯枝败叶等各种废弃物作肥料。《天工开物·稻宜》

记载："人畜秽遗、榨油枯饼（枯者，以去膏而得名也。胡麻、莱菔为上，芸苔次之，大眼桐又次之，樟、柏、棉花又次之）草皮、木叶以佐生机，普天之所同也。南方磨绿豆粉者，取溲浆灌田肥甚。"意思是，人、畜的粪便，榨了油的枯饼（因其中的油已经榨去，故称枯饼。芝麻、萝卜子榨油后的枯饼最好，油菜籽饼次之，大眼桐枯饼又次之，樟树子、乌桕子和棉子饼又次之），以及草皮、树叶等都能用作肥料以促进作物生长，普天之下的肥料都是这样的。南方磨绿豆粉时，用溲浆灌田，肥效相当好。又《天工开物·稻工》记载："凡稻田刈获不再种者，土宜本秋耕垦，使宿稿化烂，敌粪力一倍。或秋旱无水及惰农春耕，则收获损薄也。"宿稿沤烂后就是肥田的肥料，即收割庄稼后不再种东西的稻田，要在当年秋天犁耕，使稻茬腐烂在土里，这项措施抵得上多施一倍粪肥。如果秋天干旱没有水，或者是懒散的农民等到明年春天才耕，收获就会减少。

《补农书》[1] 所记载的肥料用今天生态学的眼光看，可以说是生态肥料。相比先前而言，在肥源和使用方法上也有不小进步；更为重要的是《补农书》的生态施肥方法处处体现着物质循环利用的生态系统思想。虽然说以前的农书论述的各种废弃物还田做肥料本身就是一种物质循环利用的生态系统思想，但是《补农书》突出的特点就是把这种循环利用通过各种各样的模式明明白白地勾勒出来，这是它发展进步较大的地方之一。肥料是农业生产第一要紧的事情，这是毋庸置疑的，《补农书》也正是以这样的思想理论为指导。《补农书·运田地法》说："种田地，肥壅最为要紧。"

---

[1] 现行《补农书》包括上下两卷，上卷是《沈氏农书》，大约是明崇祯末年（1640年前后）浙江归安（今浙江湖州）佚名的沈氏所撰；下卷《补农书》为明末清初的张履祥（1611—1674）所著。张履祥的《补农书》就是补《沈氏农书》的不足；《沈氏农书》以水稻生产为主而兼及种桑，张履祥的《补农书》则侧重种桑而兼及水稻生产。乾隆年间，朱坤编辑《杨园全集》时，把《沈氏农书》与《补农书》合为一本，分上下两卷，统称为《补农书》。

从地域上看，《补农书》论述的是杭、嘉、湖地区的农业科技。《补农书》的记载反映出，当时人们对于农业生态系统中的物质循环已经有了比较清楚的认识；人们赖以生存的各种生活物资正是通过农田生态系统对物质的循环利用才得以产出的。《补农书·总论》说："种田地利最薄，然能化无用为有用；不种田地力最省，然必至化有用为无用。何以言之？人畜之粪与灶灰脚泥，无用也，一入田地，便将化为布、帛、菽、粟。即细而桑钉、稻稳，无非家所必需之物；残羹、剩饭，以致米汁、酒脚，上以食人，下以食畜，莫不各有生息。"清代另一农学家杨屾先生在他的《知本提纲·农则耕稼》中提出与此类似的观点："粪壤之类甚多，要皆余气相培。即如人食谷、肉、菜、果，采其五行生气，依类添补于身；所有不尽余气，化粪而出，沃之田间，渐渍禾苗，同类相求，仍培禾身，自能强大壮盛。又如鸟兽牲畜之粪，及诸骨、蛤灰、毛羽、肤皮、蹄角等物，一切草木所酿，皆属余气相陪，滋养禾苗。又如日曬火熏之土，煎炼土之膏油，结为肥浓之气，亦能培禾长旺。"[1]总之，不管是张履祥还是杨屾的论述，都阐明了农业生态系统的物质产出与人们物质消费之间的循环关系，其中的生态学物质循环意义可以用示意图 3-2 表示。

当然农业生态系统除了图 3-2 所示的物质循环外还有其他形式的物质循环，比如碳循环，不过这是大自然自然完成的，并不需要人类干预。伴随着物质循环进行的是能量流动，农作物通过光合作用把太阳能固化在农产品中，人类通过消费使用农产品而获得能量需求的满足。图 3-2 所示的生态系统，只要太阳存在，就可以永远续存，人类就可以永远发展下去。《补农书》的绿肥思想我们放在下一部分讨论，这里先探讨下《补

---

[1] 杨屾.知本提纲 [M]// 王毓瑚.秦晋农言.北京：中华书局,1957:36.

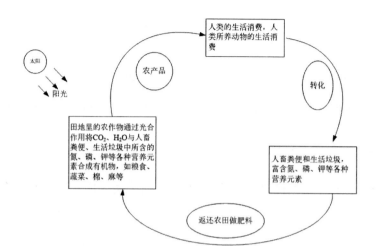

图 3-2《补农书》叙述的农业生态系统物质循环模式图

农书》的废弃物循环利用拓展及其具体使用方法。《补农书》论述了很多种类型的肥料，笔者给其分类归纳，大致可分为以下几类：

1. 粪肥及磨路[1]、厩肥类

这类肥料主要包括人畜粪便以及由牲畜粪便与干土、杂草等混在一起沤成的肥料。使用方法是，将他们返还、施于农田做肥料。在《补农书》中，这类肥料是主要肥源之一。例如，在耕田时提到了用牛粪或壅灰作底肥，"若壅灰与牛粪，则撒于初倒之后，下次倒入土中更好"（《补农书·运田地法》）；给油菜施肥可用生活垃圾或牛粪，"菜比麦倍浇，又或垃圾、或牛粪，锹盖沟"（《补农书·运田地法》）；等等。这些肥料可以农家自己生产，也可以去购买，《补农书》还专门介绍了买此等肥料的去处。《补农书》非常重视农家畜养猪羊等牲畜自己积肥，把这项工作

---

[1]"磨路"，指作坊的碾子用牛拉转，在牛来回的路上垫上碎草和土。路上的垫草和土，经牛来回践踏，与牛所屙的粪尿混在一起，肥力很大。

看作是农家副业经营上的第一位大事，"古人云："种田不养猪，秀才不读书'，必无成功。则养猪羊乃作家第一著"（《补农书·运田地法》）。杭、嘉、湖也是主要的桑蚕农业区之一，蚕沙也是很好的肥料。《补农书·逐月事宜·四月》写道："窖蚕沙梗。"即，把蚕沙废叶（蚕麹）等入窖腐烂，沤制肥料。

2. 河（湖、塘）泥肥

这类肥料就是把河（湖、塘等）泥打捞上来作为田地的肥料，《补农书》称从河（湖、塘等）捞取泥肥为罱泥。《补农书》很重视对河（湖、塘）泥肥的捞取，在《逐月事宜》中，一年中有九个月都有罱泥这一劳动项目，这类肥料是《补农书》所记叙的肥源的一大特色。罱泥是由五代吴越潦浅军开始的，当时每年疏浚江、湖、河、港，挖出大量的淤泥，施到田中当做一项肥壅，从此以河泥当作肥料，逐渐在吴中普遍化了。河泥肥是一种使用面较广的肥料，水田和旱地都可使用，《逐月事宜》中就有分别的"罱泥""罱田泥""罱地泥"的不同安排项目，"罱田泥"就是给田用的，"罱地泥"即是给地用的。池塘泥也是一项好肥料，施给桑竹，能使之繁茂，"池中淤泥，每岁起之以培桑竹，则桑竹茂"（《补农书·策溇上生业》）。

泥肥还有其他变种，如草泥、稻秆泥、脚泥等。《补农书·逐月事宜·五月》记载："挑草泥。"即，冬春捞取的河泥拌以杂草或种植的绿肥，腐熟后，趁阴雨天把它挑到田里做肥料。在给桑树施肥时，也可用稻秆泥代替河泥。《补农书·运田地法》说："罱泥固好，挑稻秆泥亦可省工。"稻场及猪圈前的脚踏旧泥也是好肥料，很适宜于施用给菜、麦做肥料。《补农书·〈补农书〉后》说："乡居稻场及猪阑前空地，岁加新泥而刮面上浮土，以壅菜、盖麦，最肥有力。"

3. 垃圾肥

用垃圾返田做肥料也是《补农书》的肥源之一。明末清初还是处于传统手工业时期，没有近现代工业，也就不存在像今天这样的对环境有严重污染和毒害作用的工业垃圾。《补农书》没有具体说明垃圾的具体成分，但可以推想而知，所谓的垃圾肥就是一些人们在日常生活中产生的垃圾，是富含有机物和各种营养元素的，是没有像重金属之类的污染环境的有毒物质的。前文分析过用垃圾给油菜施肥，《补农书》还记载有用垃圾给桑树施肥的，"春天壅地，垃圾必得三四十担"。

4. 灰肥

灰肥就是家里日常生活、冶炼作坊或者其他事宜燃烧草木后的灰烬，是农田的一项好肥料。沈氏的《沈氏农书》和张履祥所补充的部分都对灰肥有介绍。《补农书·〈补农书〉后》说："田家之灰，是一项肥壅。"张履祥认为，各种薪柴的好次等级要考虑燃烧后是否有灰烬，在同等价位和燃烧价值的情况下有灰烬的要好于没有灰烬的，就是因为灰烬是一项肥料。《补农书·〈补农书〉后》说："然麦柴又不如稻柴，以其无灰也。"

5. 豆饼屑、豆子、菜籽饼等有机肥

《补农书》也记载有直接用粮食做肥料的，如将豆饼、豆子等粮食用于肥田。张履祥认为豆子和豆饼都是很好的肥料。《补农书·〈补农书〉后》说："以梅豆壅田，力最长而不损苗，每亩三斗，出米必倍。但民食宜深爱惜，不忍用耳。"又，"吾乡有壅豆饼屑者，更有力"。用粮食做肥料，价格成本高，应当在特殊情况下才斟酌使用。从张履祥的叙述也可以看出，人

们自己喜欢吃的食物怎能舍得用来做肥料呢？用豆饼做肥料，也是在人工贵而且偷懒、浇粪不得法的特殊情况下才选择的，"近年人工既贵，偷懒复多，浇粪不得法，则不如用饼之工粪两省"（《补农书·〈补农书〉后》）。

当然，使用有毒不能食用的菜籽饼做肥料是很好的应用。《补农书·〈补农书〉后》记载："余至绍兴，见彼中俱壅菜饼。"

总之，《补农书》的肥源思想体现出生态物质循环利用原则，一切可以利用的废弃物都可以返田做肥料。

《补农书》记载了很多行之有效的肥料处理方法，肥料经处理后变得更加烂熟有效；而且，施肥讲究因地、因物制宜，使肥力得到充分发挥，农作物获得合适的养分，从而实现丰收高产。《补农书》所论述的对肥料的处理方式详如表 3-11 所示。

表 3-11 《补农书》记叙的肥料处理方法

肥料	处理办法	出处
垃圾	窖垃圾	《逐月事宜·正月》
磨路	窖磨路	《逐月事宜·正月》
蚕沙梗	窖蚕沙梗	《逐月事宜·四月》
牛壅	下潭，加水作烂	《补农书·运田地法》
干粪	加人粪或菜卤、猪水（下潭沤烂）	《补农书·运田地法》

可见，对于不是很腐熟的肥料，《补农书》都要把它们放在窖或潭中堆沤，使其变腐熟，易于发挥肥效。其实，这种沤制肥料还有另外的生态效应，就是把肥料中的寄生虫、病菌等通过堆沤发酵杀死，可以起

到减少疾病传播，清洁农村生态环境的作用。

　　对于各种肥料，《补农书》进行了较为详细的研究，分析了不同肥料的性质和肥力，论述了如何根据肥料的特点来因地、因物、因时制宜地施用。例如，《补农书》认为，人粪分解快，是速效性肥料；牛粪分解慢，肥力持久，两者应当综合使用，"人粪力旺，牛粪力长，不可偏废"（《补农书·运田地法》）。磨路和猪灰最宜于施用在水田里，"磨路、猪灰，最宜田壅"（《补农书·运田地法》）。而羊粪适合于桑地，猪粪则适合于稻田；草木灰适合施到田里，能疏松土壤，但是却忌讳倒到地里，因为它能降低肥效的发挥。《补农书·运田地法》说："羊壅宜于地，猪壅宜于田。灰忌壅地，为其剥肥；灰宜壅田，取其松泛。"对于桑树来说，河泥肥更是具有不可或缺的重要意义。《补农书·运田地法》说："古人云：'家不兴，少心齐，桑不兴，少河泥。'罱泥第一要紧事，不惟一岁雨淋土剥借补益，正由罱泥之地，土坚而又松，雨过便干。桑性喜燥，易于茂旺。若不罱泥之地，经雨则土烂如腐，嫩根不行，老根必露，纵有肥壅，亦不全盛。"捞河泥是种桑树的第一要紧事，不单单是为了借以补充一年来风吹雨淋而剥蚀的泥土，更是由于施过河泥的地，土壤坚韧疏松，雨过很快就干。因为桑树的特性是要求干燥，所以桑树在施过河泥的地上最易于茂盛兴旺。像那些不施河泥的桑地，一经下雨，泥土就烂得和豆腐一样，随水流失，桑树嫩根不能生长，老根又裸露，这样的话，即使施有肥料，也不会完全茂盛。

　　对于农田应该如何因地制宜地施用肥料，以及如何将各种不同的肥料合理搭配使用以达到最优效果，《补农书·运田地法》还有精彩的概括性论述：

若平望买猪灰及城钲买坑灰，于田未倒之前棱层之际，每亩撒十余担，然后锄倒，彻底松泛，极益田脚。又取撒于花草田中，一取松田，二取护草。然积瘦之田，泥土坚硬，利用灰与牛壅；若素肥之田，又忌太松而不耐旱，不结实。壅须间杂而下，如草泥、猪壅垫底，则以牛壅接之；如牛壅垫底，则以豆泥、豆饼接之；然果能二层起深，虽过松无害。

猪厩肥和人粪尿，在第二次翻耕之前施在棱层中，然后耕翻，这对改良土壤性状，提高农田栽培层肥力非常有利。又可以将其施在绿肥田中，一是能疏松田土，二是能养护绿肥植物。然而那些极度贫瘠的农田，泥土坚硬，则要多施用草木灰和牛厩肥；如果是素来就很肥沃的农田，施多了肥就会太疏松漏水，不耐旱，或导致疯长不结实。

施肥的总体原则是，各种不同类型的肥料必须混合或交替使用，如果以草泥、猪厩肥垫底做基肥，则须以牛厩肥接着做追肥；如果以牛厩肥垫底做基肥，则须以豆泥、豆饼接着追肥。当然，如果真的能在耕田时深翻两层，就是土壤有些过于疏松也没有害处。

施肥还必须根据农作物的生长情况在合适的时间进行，抓住时机，因时制宜，否则，过早或过晚施肥都不能使作物丰收高产。《补农书·运田地法》说："下接力，须在处暑后，苗做胎时，在苗色正黄之时。如苗色不黄，断不可下接力；到底不黄，到底不可下也。……切不可未黄先下，致好苗而无好稻。盖田上生活，百凡容易，只有接力一壅，须相其时候，察其颜色，为农家最要紧机关。无力之家，即苦少壅薄收；粪多之家，每患过肥谷秕，究其根源，总为壅嫩苗之故。"

可见，几千年来，中国传统农业讲究利用人畜粪便、秸秆糠秕等废弃物还田作肥料的思想是一直连续传承并且不断发扬光大的，这便是中国农田耕种了几千年却毫无衰退迹象的根本原因所在。

二、利用植物特性，巧施绿肥

利用绿色植物制作的肥料称绿肥。现代生态农业也很提倡将具有生物固碳功能的植物引入农田生态系统作绿肥，以达到改良土壤、提高土壤肥力的目的。"生态农业"除了充分利用系统内物质闭合循环的机制外，"另一条重要途径是扩种具共生固氮功能的豆科植物，以及利用非共生固氮机制，加速氮素的地质—大气循环，促使更多的氮素进入农业生态系统和被利用的过程。"[1]

中国传统农业非常注重利用植物特性，给田地的作物巧施绿肥。春秋时期的《诗经·周颂·良耜》就已经有"以薅荼蓼，荼蓼朽止，黍稷茂止"的记载。《礼记·月令》也说道："季夏之月……烧薙行水，利以杀草，如以热汤。可以粪田畴，可以美土疆。"表明那时就有了用绿色植物作肥料的意识，当然这是天然绿肥。至于人工种植绿肥，最早记载见于晋张华撰写的《广志》："苕草，色青黄，紫华，十二月稻下种之，蔓延殷盛，可以美田。"

到南北朝时期，种植绿肥植物肥田已经达到了比较成熟的水平。北魏贾思勰的《齐民要术》里含有丰富的绿肥思想，使用绿肥是《齐民要术》所记载的主要肥田手段之一，而且其对绿肥的应用显示出与现代科学原理的一致性。《齐民要术·耕田第一》："凡美田之法，绿豆为上，小豆、胡麻次之。悉皆五、六月中穤种，七月、八月犁掩杀之，为春谷田，则

---

[1] 李文华,闵庆文,张壬午.生态农业的技术与模式 [M].北京:化学工业出版社,2005：22.

亩收十石，其美与蚕矢、熟粪同。"意思是，肥田的方法中，绿豆效果最好，小豆、胡麻其次。这些都要在五、六月播种，到七、八月时用犁将这些作绿肥的植物耕翻埋杀，这种肥田效果可与蚕屎、熟粪相当。用豆科植物作绿肥，是《齐民要术》的重要施肥方法之一。《齐民要术》中其他地方提到的用豆科植物作绿肥的记载还有：

> 区种瓜法：六月雨后种菉豆，八月犁掩杀之；十月又一转，即十月中种瓜（《齐民要术·种瓜第十四》）。

> 若粪不可得者，五、六月中概种菉豆，至七、八月犁掩杀之，如以粪粪田，则良美与粪不殊，又省功力（《齐民要术·种葵第十七》）。

> 其拟种之地，必须春种绿豆，五月掩杀之。比至七月，耕数遍（《齐民要术·种葱第二十一》）。

现代生物学知识表明，豆科植物具有生物固氮功能，它能将空气中游离的氮气通过自身的生物化学反应固定到植株当中。这样，通过栽种绿肥植物，就相当于给农田施了一道氮肥和有机肥。

其次，除了提倡主动栽种绿肥植物外，《齐民要术》也注重利用天然植物作绿肥。例如，田里的杂草经过耕埋腐烂也同样是好肥料。《齐民要术·耕田第一》载："秋耕掩青者为上。比至冬月，青草复生者，其美与小豆同也。"秋耕最好把青草翻掩到田里；到冬天青草复生时，其肥力能与小豆相同。这是变害为利的好办法，一方面除掉了杂草，另一方面又给农田增加了肥料，一举两得。

最后，《齐民要术》还论述了通过作物间合理的轮作和间作套种来提高农田肥力。"凡谷田，绿豆、小豆底为上，麻、黍、胡麻次之，芜菁、大豆为下。常见瓜底，不减绿豆，本既不论，聊复记之"（《齐民要术·种谷第三》)。种桑树，则"其下常斸掘种绿豆、小豆。二豆良美，润泽益桑"《齐民要术·种桑、柘第四十五》)。桑树下种些绿豆、小豆，这两种豆本身既是好农作物，又能提供肥料(根瘤菌固氮)滋润土地，利于桑树生长。

南宋的《陈旉农书》也记载有把田里杂草埋入地下，让其腐烂而成为肥料的思想，把杂草"深埋之稻苗根下，沤罨即久，即草腐烂而泥土肥美，嘉谷蕃茂矣"（《陈旉农书·薅耘之宜》)。种植绿肥植物以及利用杂草作肥料的思想，在中国传统农业中得到了连续的传承和发扬，元代的《王祯农书》在引用了《齐明要术》的"凡美田之法，绿豆为上，小豆、胡麻次之。悉皆五、六月中穊种，七月、八月犁掩杀之，为春谷田，则亩收十石，其美与蚕矢、熟粪同"后，说"此江淮迤北用为常法"。即，到元代时种植豆科植物做绿肥已经成为常法。《王祯农书》也引用了《陈旉农书》的把田里杂草埋入地下作肥料的内容，并说，"草粪者，于草木茂盛时芟倒，就地内掩罨腐烂也"，他还将枯槁败叶、谷壳腐朽等一起列入草粪的范围。《王祯农书》对前人所叙述的各种粪肥理论进行了一次大总结，而且还有不少创新的地方。这些粪肥跟今天的化肥相比，都可以说是绿色环保的生态肥料。从来源来看，《王祯农书》给土壤补充养分的肥料可分为两类：一类是收集处理各种有营养的废弃物返还到田里做肥料；另一类是主动栽培绿肥植物做肥料或者直接利用自然生长的杂草做肥料。《王祯农书》给农田施绿肥的方法如表 3-12 所示。

表 3-12 《王祯农书》论述的生态绿肥

绿肥名称	来源和使用方法	备注
苗粪	种植绿肥。绿豆为上，小豆、胡麻次之。五六月耩种，七八月犁掩杀之	其美与蚕矢、熟粪同
草粪	草木茂盛时芟倒，就地掩罨腐烂。江南三月草长，岁岁如此，地力常盛	
	积腐槁败叶，铲薙根荄，遍铺而烧之，即土暖而爽。麻枯谷壳，皆可与火粪窖罨。谷壳腐朽，最宜秧田	

元代的《王祯农书》在总结前人成果的基础上，其记载的生态肥料的来源的广度和种类的数目都是空前的，超过了之前的任何一部农书。虽然这里的大部分内容都是摘抄前人的，但是，能够对之前的所有理论与方法进行归纳与总结，这本身就是一种进步，在某种程度上也可以说是一种创新。当然，《王祯农书》也有不少自己的创新部分，例如在"草粪"中论述的对"禽兽毛羽亲肌之物"的利用，以及对"泥粪"的利用都是之前农书所未见过的。

明代的《农政全书》进一步扩大了绿肥植物的范围，除了继承前人的"苗粪者，绿豆为上，小豆、胡麻次之"外，另外加入"蚕豆、大麦皆好"，种法与先前一致。明代的《天工开物》中也有用黄豆肥田和种麦苗做绿肥的记载，当然这种施肥方式是否经济还有待商榷。《天工开物·稻宜》："豆贱之时，撒黄豆于田，一粒烂土方三寸，得谷之息倍焉。"《天工开物·麦工》："南方稻田有种肥田麦者，不冀麦实。当春小麦、大麦青青之时，耕杀田中蒸罨土性，秋收稻谷必加倍也。"在明清之际，生态绿肥一直是传统农业的肥源之一。

明清之际的《补农书》也记载了对农田施用绿肥的做法，可以直接使用野生植物，也可以人力主动种植绿肥植物做肥料。例如，《补农书·逐月事宜·三月》的事项中记载"窖花草"，即把紫云英割下入窖沤制，以提高肥效和加速发挥作用。又如，《补农书·运田地法》说："花草亩不过三升，自己收子，价不甚值。一亩草可壅三亩田。今时肥壅艰难，此项最属便利。"再又，《补农书·〈补农书〉后》在论述梅豆的种植时提到，豆叶、豆萁头等都是极好的肥料，"豆叶、豆萁头及泥，入田俱极肥"。这种种植绿肥以及用杂草作肥料的思想在清朝也是一直传承发扬，清代的张宗法就在他的《三农纪·粪田》[1]篇里引用了贾思勰的"绿豆、小豆、胡麻"的美田之法。清代的蒲松龄在他的《农桑经》里叙述了用杂草做肥料的方法："扫除家粪入栏外，宜镑草根，连土荤运，或割杂草垫一层，用土压一层。若栏无水，雨后掘沟导入；旱则汲水灌之。或有洼处积水，即掘高处垫平。伏时草易腐，宜趁时雇人为之，以满为期。庄稼好歹，全在此处用功。"[2]其实，我国传统农书基本上都有使用天然杂草做肥料和人工种植绿肥植物的介绍，用绿肥肥田跟变废为宝的传统粪肥思想一样，是中国传统农业的主要施肥方法之一。

第三节　利用生物种间种内关系，使农业增产

从生态学视角看，生物的种间关系包括竞争、捕食、互利共生、寄生等多种复杂关系，种内关系包括种内竞争、自相残杀、互利共生等多种关系。农业是直接跟各种种植的农作物和驯养的动物打交道的行业，

---

[1]张宗法.三农纪校释[M].邹介正,刘乃壮,谢庚华,等校释.北京：农业出版社，1989：190-191.

[2]蒲松龄.农桑经校注[M].李长年,校注.北京：农业出版社,1982:33.

合理地利用和处理好农用动植物间的各种种间种内关系，能够有效减少农业投入的无效内耗，进而提升农业产量，达到固定环境条件下的最大产能。对生物种间种内的关系的合理把控和利用，也是现代生态农业关注的焦点之一。我国传统农业在对农业动植物种间、种内关系的开发利用方面积累有丰富的实践经验，这些经验对当代生态文明建设仍有积极的参考和借鉴价值。

一、农作物间合理密植

现代生态学表明，自然界中的植物种群的种内关系表现为密度效应、他感作用等。密度效应有两个基本规律[1]：①最后产量恒值法则；②-3/2自疏法则。最后产量恒值法则是说，在一定范围内，当条件相同时，起初产量会随着种植的密度增加而增加，但到达一定程度后，不管如何提高一个种群的密度，最后的产量总是差不多一样的。-3/2自疏法则是指，当种群密度过高时，有些植株会在生长过程中死亡，即种群出现"自疏现象"。这两个规律用在农业生产上，就是要根据实际情况合理密植，使植株的密度刚好达到土地的最大产能，过稀或过密都不利于农业生产。

合理密植是我国传统农业一直都强调的重要内容之一，春秋战国时期就已经有了相关记载。《吕氏春秋·任地》说："耨柄尺，此其度也；其博六寸，所以间稼也。"又《吕氏春秋·辨土》说："慎其种，勿使数，亦无使疏。……肥而扶疏则多秕，硗而专居则多死。"即要小心播种，不要太密也不要太稀；肥沃的土地上种得过稀会多秕谷，贫瘠的土地上种得过密，苗多会死。西汉时的用种量开始定量化，并要求根据具体情况进行调整。按照耕种方式，《氾胜之书》所记载的作物合理密植情况大致

[1] 李博. 生态学[M]. 北京：高等教育出版社，2000：89-100.

可分为一般农田栽种的合理密植和区种法的合理密植。首先，我们来看看一般农田栽种的农作物的合理密植情况。麦子，如果种得太密了，叶子的颜色就会发黄，需要用锄头给锄稀些，"麦生黄色，伤于太稠。稠者锄而稀之"。种植大豆，则需要株距均匀稀疏，"大豆须均而稀"。《氾胜之书》论述的各种农作物在一般农田栽种的应当密植程度如表 3-13 所示。

表 3-13 《氾胜之书》论述的农作物一般农田合理密植情况

农作物	播种时间	作物密度	情况说明
黍	先夏至二十日	一亩三升	此时有雨，强土可种黍。凡种黍，覆土锄治，皆如禾法；欲疏于禾
稻	冬至后一百一十日	一亩四升	稻地美、用种亩四升。三月种粳稻，四月种秫稻
大豆	三月榆荚时有雨	一亩五升	土和无块，亩五升；土不和，则益之。夏至后二十日尚可种
小豆	椹黑时，注雨种	一亩五升	
麻	二月下旬，三月上旬，傍雨种之	率九尺一树	麻生布叶，锄之。率九尺一树
芋	二月注雨，可种芋	率二尺下一本	
桑	五月	每亩椹子三升	每亩以黍、椹子各三升合种之

其次，我们再来看看《氾胜之书》区种法的合理密植。《氾胜之书》叙述的区田法，是用尺子量出来的，情况有点像现在的工程图，区与区之间的距离，苗与苗之间的行距，一亩种多少作物都有确定的数字。区田法的形式两种，即开沟点播和坑穴点播，沟或坑就称为"区"。万国鼎

先生给这两种区田法起了名字,分别是"带状区种法"和"小方形区种法"。不管是哪种方式的区种法对作物的种植密度都有严格的要求,体现在《氾胜之书》细致地论述了各种区种作物株与株的行距,以及一亩地总共植株数。例如, 对于"带状区种法","凡区种麦, 令相去二寸一行。一行容五十二株。一亩凡九万三千五百五十株";"凡区种大豆, 令相去一尺二寸。一行容九株。一亩凡六千四百八十株";等等。对于"小方形区种法"则是,"上农夫区, 方深各六寸, 间相去九寸。一亩三千七百区。……区种粟二十粒……亩用种二升";"中农夫区, 方九寸, 深六寸, 相去二尺。一亩千二十七区。用种一升";等等。

东汉崔寔的《四民月令》记载,"稻,美田欲稀,薄田欲稠"。而且《四民月令》还将作物的合理密植与地宜、物宜、时宜等有机结合起来考虑,详情如表 3-14 所示

表 3-14　与地宜、物宜、时宜有机结合的作物合理密植情况

种植时间	作物	合理密植情况
二月	稙禾	美田欲稠,薄田欲稀
三月	秔稻	美田欲稀,薄田欲稠
四月	黍、禾, 大小豆	美田欲稀,薄田欲稠

由表 3-14 可见,在农田上种植作物的密度是由多种因素综合决定的,时间、作物种类、土地贫瘠情况这三个要素是必须要有机结合综合考虑的。对于稙禾,在好的田地里要种得稠密些,在贫瘠的田地里要种得稀疏些;而对于秔稻、黍、禾及大小豆等,在好的田地里就要种得稀

疏些，在贫瘠的田地里就要种得稠密些。这就正是把地宜、物宜、时宜与合理密植有机结合考虑后得出的结果，也是当时人们生产实践中实现农业增产的经验总结。

往后，这种根据土地状况、天时早晚进行合理密植的思想不断向精细化方向发展。到北魏时，贾思勰在《齐民要术》里几乎对记载的每一种农作物应该密植的程度都根据具体情况作了定量说明。根据土壤肥力、气候、时节等实际情况，合理密植，使其达到最大产能是《齐民要术》的重要农学思想。贾思勰已经很清楚地认识到，种得过密或者过稀都会影响农作物的产量，只有在作物密度合理的情况下才能得到最好的收成。《齐民要术·种谷第三》云，"良田率一尺留一科"，又"谚云'回车倒马，掷衣不下，皆十石而收'言大稀大概之收，皆均平也"。良田留苗的标准是，相距一尺留一窠。农谚说："苗稀得可回车倒马，或苗密得可以撑住衣服不落下去，都只能收十石。"这个谚语意思是说，种得过稀或种得过密，其收成都是一样不好的。

在栽种方法中，贾思勰几乎对他所研究的每一种农作物应该密植的程度都作了详细的论述。例如，种谷"良地一亩，用子五升，薄地三升。此为稙谷，晚田加种也"（《齐民要术·种谷第三》）。即，一亩良田要用五升种子，一亩薄地要用三升种子。这是对早种的农田而言，晚种的话，还要增加下种量。其他的记载如：种黍穄，则"一亩，用子四升"（《齐民要术·黍穄第四》）；种大豆，"春大豆，次稙谷之后。二月中旬为上时。一亩用子八升。三月上旬为中时，用子一斗。四月上旬为下时。用子一斗二升。岁宜晚者，五六月亦得；然稍晚稍加种子"（《齐民要术·大豆第六》）。种麻，则"良田一亩，用子三升；薄地二升。概则细而不长，稀则粗而皮恶"（《齐民要术·种麻第八》）。太密了茎就会细弱长不粗大，太稀了虽然粗大，但麻皮的质量很差。《齐民要术》中关于农作物合理密植的记载详如表 3-15 所示。

表 3-15《齐民要术》中的农作物合理密植

农作物	土壤情况	时节	作物密度	情况说明
谷	良地	稙谷	5升/亩	晚田加种。二、三月种者为稙禾
	薄地	稙谷	3升/亩	
黍、穄		三月上旬种者为上时，四月上旬为中时，五月上旬为下时	4升/亩	
粱、秫	薄地	稙谷	3.5升/亩	粱秫并欲薄地而稀。地良多雌尾，苗概不成。种与稙谷同时。晚者全不收也
大豆	不熟地	二月中旬	8升/亩	岁宜晚者，五六月亦得；然稍晚稍加种子
		三月上旬	1斗/亩	
		四月上旬	1斗2升/亩	
小豆	麦底、谷底	夏至后十日	8升/亩	
		初伏断手	1斗/亩	
		中伏断手	1斗2升/亩	
麻	良地	夏至前十日为上时，至日为中时，至后十日为下时	3升/亩	概则细而不长，稀则粗而皮恶
	薄地		2升/亩	

续表

麻子		三月种者为上时，四月为中时，五月初为下时	3升/亩	大率二尺留一根。概则不科
穬麦	必须良熟地，高下田皆可	八月中戊社前	2.5升/亩	
		八月下戊社前	3升/亩	
		八月末九月初	3.5或4升/亩	
小麦	宜下田	八月上戊社前	1.5升/亩	
		八月中戊社前	2升/亩	
		八月下戊社前	2.5升/亩	
瞿麦	良地	以伏为时	5升/亩	
	薄田		3—4升/亩	
青稞麦			0.8斗/亩	
稻	地无良薄，水清则稻美	三月种者为上时，四月上旬为中时，中旬为下时	3升/亩	
胡麻	宜白地种	二三月为上时，四月上旬为中时，五月上旬为下时	2升/亩	
芋		二月	率二尺下一本	
葵	地不厌良，故墟弥善	十月末	3升/亩	
蔓菁	须良地	七月初	3升/亩	
蒜	良软地	九月初	五寸一株	谚曰："左右通锄，一万余株"
薤	白软良地	二三月种。八九月种亦得	率七八支为一本	

续表

薤子			率一尺一本	
葱	良田		5升/亩	其拟种之地，必须春种绿豆，五月掩杀之。一亩用子四五升
	薄地		4升/亩	
蜀芥	地欲粪熟		1升/亩	
芸薹	地欲粪熟		4升/亩	
胡荽	宜黑软、青沙良地	春种者	近市负郭田，2升/亩	
			外舍无市之处，1升/亩	
		六七月种	1升/亩	
姜	白沙地	三月	一尺一科	
枣			三步一树，行欲相当	
桃、李			大率方两步一根	大概连阴，则子细味亦不佳
椒			方三寸一子	移栽：先作小坑，圆深三寸
桑			小苗：率五尺一根。大如臂许：率十步一树	阴相接者，则妨禾豆
杨柳			二尺一根	
梓			方两步一树	此树须大，不得概栽
楸			方两步一根，两亩一行	
青桐			五寸下一子	

续表

蓝	地欲得良			三茎作一科，相去八寸	
紫草	良田	三月		2.5升/亩	宜白软良地，青沙地，开荒黍穄下，必须高田，性不耐水
	薄田			3升/亩	
地黄		三月上旬为上时，中旬为中时，下旬为下时		5石/亩	

《齐民要术》里合理密植的知识对后世影响巨大，元代的《王祯农书》、明朝的《农政全书》、明清之际的《补农书》，清代的《农言著实》等传统农书都对其进行了继承和发扬，合理密植成为了传统农业必须遵守的规则之一。

二、轮作和间作套种

现代生态学已经探明，植物的种间和种内都有可能存在他感作用，就是植物通过向体外分泌化学物质，对其他植物产生直接或间接的影响。他感作用在农林业生产上则表现为歇地现象，即要求一些农作物必须与其他的农作物轮作，不能连作，否则就会降低产量。例如早稻就不宜连作，它的根系分泌的对羟基肉桂酸对早稻幼苗起强烈的抑制作用，连作则长势不好。自然界的植物种之间有的存有偏利作用、互利共生等正相互作用，即这些不同的植物生长在一起会促进一方的生长或使双方都生长得更好。这个生态学原理在农业生产上的应用表现为进行间作套种，即把具有偏利作用、互利共生作用的不同农作物栽种在一起，以提高产量。当然，在农业的实际应用中，只要两个物种之间是中性作用，就可以根据需要进行间作套种，因为间作套种可以提高土地的利用率。对不同的农作物进行轮作、间作套种是中国传统农业的一大特色，也是我国传统农业精耕细作优良传统的重要组成部分。

中国传统农业的轮作，很早就出现了。春秋战国时期的《吕氏春秋·任地》就有禾麦轮作的记载，"今兹美禾，来兹美麦"。西汉《氾胜之书》在区种麦法里写道："禾收，区种（麦）。"而对于农作物的间作套种，最早的明确记载见于西汉《氾胜之书》。《氾胜之书》现在残存的部分有两处记载了间作（混作）套种，一是桑和黍间作，另一是区种法中的瓜与薤、小豆间的间作。《氾胜之书》说："种桑法……每亩以黍、椹子各三升合种之。黍、桑当俱生，锄之，桑令稀疏调适。黍熟获之。桑生正与黍高平，因以利镰摩地刈之，曝令燥；后有风调，放火烧之，常逆风起火。桑至春生。"这便是桑和黍的混合播种。黍和桑的混合播种，不但可以充分利用土地，多得一季农作物收获的利益，而且可以借此防止桑苗地里杂草的生长，节省锄草的人工。我们再来看，瓜与薤、小豆间的间作，《氾胜之书》说："区种瓜：一亩为二十四科。……种瓜瓮四面各一子。……又种薤十根，令周回瓮，居瓜子外。至五月瓜熟，薤可拔卖之，与瓜相避。又可种小豆于瓜中，亩四五升，其藿可卖。"薤，即藠头，百合科葱属多年生草本，一种蔬菜类植物。同样的道理，无论是瓜与薤间作还是瓜与小豆间作，都大大地提高了土壤利用率，增加了单位面积田地的产出率，生产了更多的农产品。其中，小豆的间作还能由于其自身的固氮作用给土壤增加肥力，从而更利于瓜的生长。我们知道，生态学是一门研究生物与环境以及生物与生物之间关系的科学，《氾胜之书》对农作物间作套种的成功运用，反映出在西汉时期我国先民对生物与环境以及物种

（农作物）间的关系已经有相当深刻的认识，已经出现了我们今天的生态学雏形。遗憾的是，由于《氾胜之书》的佚失，我们仅能见到这两条实际应用的论述，而看不到其理论论述。

到了魏晋南北朝时期，轮作几乎成了一项种田制度。北魏《齐民要术》对于农作物的他感作用引起的歇地现象有较充分的论述，详细叙述了许多作物必须要轮作的原因。例如，"谷田必须岁易"，否则"莠子则茇多而收薄矣"（《齐民要术·种谷第三》）。种水稻，"稻，无所缘，唯岁易为良"，否则"既非岁易，草稗具生，芟亦不死"（《齐民要术·水稻十一》）。种麻，则"麻欲得良田，不用故墟。故墟亦良，有点叶夭折之患，不任作布也"（《齐民要术·种麻第八》）。为了提高农作物的产量，为了让农田持续保持较高的生产率，贾思勰根据各种农作物的种内、种间关系，以作物间的互惠互利为原则，提出了轮作方法。《齐民要术》记载的轮作方法详情如表 3-16 所示。

表 3-16《齐民要术》中的农作物轮作

农作物	前茬作物（底）	情况说明
谷	绿豆、小豆、瓜（为上），麻、黍、胡麻（次之），芜菁，大豆（为下）	谷田必须岁易，莠子则茇多而收薄矣
黍穄	新开荒地（为上），大豆（为次），谷（为下）	
大豆（青芟）	麦	
小豆	麦，谷	当年麦底，头年谷底

续表

麻	小豆	麻欲得良田，不用故墟。故墟亦良，有点叶夭折之患
水稻		稻无所缘，唯岁易为良。不岁易者，草稗俱生
胡麻	宜白地	白地：指非连作地。白：同一种作物空着几年没有种过[1]
瓜	小豆（佳），黍（次之）	
葵	葵	地不厌良，故墟弥善
蔓菁	大小麦	取蔓菁根者
葱	绿豆	必须春种绿豆，五月掩杀之（绿肥）
紫草	开荒地、黍穄	上佳

对物种间的关系，《齐民要术》也有深刻的认识，并且成功把这些关系应用到提高农业生产上。贾思勰叙述了许多作物的间作套种方法，优化搭配，提高作物的产量。有些农作物混种在一起，会发生强烈的竞争，造成两者的产量都低；或偏害一方，使其减产或无收。例如，"榆性扇地，其阴下五谷不植。随其高下广狭，东西北三方所扇，各与树等"（《齐民要术·种榆、白杨第四十六》）。又如，"慎勿于大豆地中杂种麻子，扇地两损，而收并薄"（《齐民要术·种麻子第九》）。种瓜时，利用大豆为瓜苗起土后则需掐去豆苗，否则"瓜生不去豆，则豆反扇瓜，不得滋茂"（《齐民要术·种瓜第十四》）。也有不少农作物由于生态位的差异，恰当地搭配栽种时，会偏利于一方而对另一方无害，甚至互惠互利，提高双方的收成。《齐民要术》记载了许多这种利用物种间关系特点来提高

[1] 缪启愉.齐民要术导读[M].成都：巴蜀书社，1988：237.

农业生产率的间作套种方法，其详情如表 3-17 所示。

表 3-17《齐民要术》中的农作物间作套种

农作物	间作套种方法
麻子	六月间，可于麻子地间散芜菁子而锄之，拟收其根
葱	葱中亦种胡荽，寻手供食；乃至孟冬为菹，亦无妨
桑	明年正月，移而栽之。仲春、季春亦得。率五尺一根……其下常斸掘种绿豆、小豆。二豆良美，润泽益桑。 大如臂许，正月中移之，亦不需髡。率十步一树……岁常绕树一步散芜菁子，收获之后，放猪啖之，其地柔软，有胜耕者。种禾豆，欲得逼树。不失地利，田又调熟。绕树散芜菁者，不劳逼树也
楮	耕地令熟。二月，耧耩之，和麻子漫散之，即劳。秋冬仍留麻勿刈，为楮作暖。若不和麻子种，率多冻死
槐	好雨种麻时，和麻子撒之。当年之中，即与麻齐。麻熟刈去，独留槐。槐既细长，不能自立，根别竖木，以绳拦之。冬天多风雨，绳拦宜以茅裹；不则伤皮，成痕瘢也。明年斸地令熟，还于槐下种麻。胁槐令长。三年正月，移而植之，亭亭条直，千百若一。所谓"蓬生麻中，不扶自直"。若随宜取栽，非直长迟，树亦曲恶

到了隋唐时期，南方也出现了稻麦轮作，唐代的《蛮书》中记载："从曲靖以南，滇池以西，土俗唯业水田。……水田每年一熟，从八月获稻，至十一月十二月之交，便于稻田种大麦，三四月即熟。收大麦后，还种粳稻。"[1] 稻麦轮作复种，变成较为"普遍实行的种植制度，则大约形成于盛唐中唐时代……到晚唐以后，更进一步扩大。"[2] 以致后来成为了整个中国南方的粮食作物的主要栽种方式。

[1] 樊绰. 蛮书校注 [M]. 向达，校注. 北京：中华书局，1962：171.
[2] 郭文韬. 中国农业科技发展史略 [M]. 北京：中国科学技术出版社，1988：257-259.

宋代的农学家陈旉提出，不同的农作物若是能够按照适宜的顺序进行轮种，则能使农作物间互相促进生长，提高产量，"种莳之事，各有攸叙……不违先后之序，则相继以生成，相资以利用"。他叙述了两种轮作方式，一种是"麻枲"与"萝卜菘菜"的轮作，"正月种麻枲……五六月可刈矣"，接着进行整治田地，则"七夕以后，种萝卜菘菜，即科大而肥美也"。另一种，是粟、早芝麻、豆与麦的轮种。《陈旉农书》在对作物种间关系的利用上有了新的发展，体现在桑麻套种上。《陈旉农书·种桑之法》说："若桑圃近家，即可作墙篱，仍更疏植桑，令畦垄差阔，其下徧栽苎。因粪苎，即桑亦获肥益矣，是两得之也。桑根植深，苎根植浅，并不相妨，而利倍差。"如果桑园离家近，可以作墙篱，桑树栽种得稀疏些，畦垄整得宽阔些，在桑树下遍栽苎麻。给苎麻上粪时，桑树也会同时得到肥料，这是一举两得。桑树根扎得深，苎麻根表浅，相互之间并不妨碍，而收益加倍。从这里可以看出，陈旉对桑树和苎麻这两种植物的生理特性有很深入的研究，利用他们根系深浅不同，吸肥范围不一样，将他们套种在一起，一次施肥两者都可得到滋养，一举两得。这种省时省力又增加收成的套种，是先人留给我们的宝贵遗产，也是生态农业所大力提倡的。

到元代，人们对桑树的间作套种有了更深刻的认识，当时的官修农书《农桑辑要》就对桑树下的间作套种作了比较全面的总结，指出桑与绿豆、黑豆、芝麻、瓜、芋等套种有益无害，与田禾、黍等套种有好有坏，"桑间可种田禾，与桑有宜与不宜。如种谷，必揭得地脉亢干；至秋，桑叶先黄。到明年，桑叶涩薄，十减二三，又招天水牛、生蟊根咬皮等虫；若种蜀黍，其梢叶与桑等，如此丛杂，桑亦不茂。如种绿豆、黑豆、芝麻、瓜、芋，其桑郁茂，明年叶增二三分。种黍亦可，农家有云：'桑发黍，黍发桑'，此大概也。"[1]

到明清时期，轮作已经达到了普遍化，"明清时期南方稻田内种植麦类、豆类、油菜、蔬菜、荞麦、粟等"，"明清的农书和地方志中对此有普遍记载"，北方也是普遍进行轮作，并且"这一时期任何一轮作制中总少不了豆类"[2]。明清时期，间作套种多种多样，普遍盛行，已经达到了较成熟的水平。有棉麦套种，《农政全书》总结道："今人种麦杂棉者，多苦迟，亦有一法：预于旧冬耕熟地，穴种麦。来春，就于垄中穴种棉。但能穴种麦，即漫种棉亦可刈麦。"[3] 有粮肥套种，明代《群芳谱》总结了在禾黍地中套种绿肥的经验："肥地法，种绿豆为上，小豆、芝麻次之。皆以禾黍末一遍耘时种，七、八月耕掩土底，其力与蚕沙熟粪等，种麦尤妙。"[4] 有稻豆间作套种，清代江西《九江府志》记载："当早谷已熟未获之时乘泥种豆……名曰泥豆。"[5] 有麦豆间套，明代《农政全书》指出："麦沟口，种之蚕豆。"[6] 清代《救荒简易书》说："麦垄背间夹种大豆，二月种者五月熟，此钟祥县秘诀也。"[7] 此外，还有粮菜间作套种，薯芋套种，粮草混种，林、粮、豆、蔬、草的间作套种，间作套种的综合运用等[8]。

[1] 西北农学院古农研究室. 农桑辑要校注 [M]. 石声汉，校注. 北京：农业出版社,1982：91.

[2] 郭文韬. 中国农业科技发展史略 [M]. 北京：中国科学技术出版社,1988：386-390.

[3] 徐光启. 农政全书（下）[M]. 陈焕良，罗文华，校注. 长沙：岳麓书社,2002：564.

[4] 郭文韬. 中国古代的农作制和耕作法 [M]. 北京：农业出版社,1981：163.

[5] 王达，吴崇仪，李成斌. 中国农学遗产选集 甲类 第一种 稻（下编）[M]. 北京：农业出版社,1993：306.

[6] 徐光启. 农政全书（上）[M]. 陈焕良，罗文华，校注. 长沙：岳麓书社, 2002：404.

[7] 李穆南. 历史悠久的古代农学 [M]. 北京：中国环境科学出版社,2006：177.

[8] 郭文韬. 中国农业科技发展史略 [M]. 北京：中国科学技术出版社, 1988：390-393.

三、利用害虫天敌，开展生物防虫、治虫

自然界物种间的生态关系复杂多样，可利用天敌对害虫的捕食、寄生等作用来消灭、防治害虫，以达到保护农作物的目的。利用生物治虫相比目前流行的杀虫剂治虫而言，是具有很多优点的，它既消灭了害虫又绿色环保，而且对生态环境、对人类以及对自然界的其他无辜生物都没有不利影响。美国国家研究理事会指出："杀虫剂的增加使用有时候是成功控制了害虫，但是通常，杀虫剂的使用会减少害虫的天敌，从而引起更严重的虫害。"[1]美国生态学家彼特·斯地灵 (Peter Stiling) 说："在美国，害虫控制是件大事。一些生物控制工程动用大量人力，以训练有素的'侦探'方式去调查一个地方的害虫天敌能够大量成功繁殖的证据。"[2]生物防虫、治虫的方法，在现代生态农业、有机农业也是很受推崇的。

我国先民们对物种间相生相克的机理有深刻的认识，并且把它成功用于农业生产上，取得了不错的杀虫、灭虫效果。西周时期已经观察到寄生蜂的生活情况，"螟蛉有子，果赢负之"[3]（《诗经·小雅·小宛》）；东汉王充已经认识到物种间的相生相克现象，"诸物相贼相利。含血之虫相胜服、相啮噬、相啖食"[4]（《论衡·物势篇》）。到了晋代，在我国南方的交趾地区当地人民已经开始用黄猄蚁来给柑橘树防治害虫，并且集市上还有这种蚁出售。嵇含的《南方草木状》记载："交趾人以席囊贮蚁，

---

[1] National Research Council (U.S.). *Committee on Environmental Impacts Associated with Commercialization of Transgenic Plants. Environmental effects of transgenic plants: the scope and adequacy of regulation*[M]. Washington, D.C.: National Academy Press, 2002 : 35.

[2] Peter Stiling. *Ecology Theories and Application Third Edition*[M]. New Jersey: Prentice Hall, 1999 : 251.

[3] 袁愈荌. 诗经全译 [M]. 贵阳：贵州人民出版社，2008：278.

[4] 王充. 论衡全译 [M]. 袁华忠，方家常，译注. 贵阳：贵州人民出版社，1993：210.

鬻于市者，其窠如薄絮，囊皆连枝叶，蚁在其中，并窠而卖。蚁赤黄色，大于常蚁。南方柑树，若无此蚁，则其实皆为群蠹所伤，无复一完者矣。"[1]这种利用黄猄蚁防治柑橘害虫的方法，到唐代时应用的地区范围得到了进一步扩大，已经"推广到两广、云贵、川南一带，并普遍获得良好的防治效果"[2]。宋朝时，收集黄猄蚁的方法有了新的进展，利用黄猄蚁的嗜脂习性，采用猪羊膀胱盛脂肪吸引、收集。庄绰的《鸡肋篇》记载："广南可耕之地少，民多种柑橘以图利。常患小虫损食其实，惟树多蚁，则虫不能生，故园户之家，买蚁于人。遂有收蚁而贩者，用猪羊脬脂其中，张口置蚁穴旁，竢蚁入中，则持之而去，谓之养柑蚁。"[3]明清时期，用黄猄蚁防治柑橘树害虫的方法得到进一步的发展，并且其防治范围由柑橘扩大到柠檬、柚树。明代俞宗本的《种树书》记载，"柑橘为虫所食，取蚁窠于其上，则虫自去"[4]；清代屈大均的《广东新语·虫语》记载，"土人取大蚁饲之，种植家连窠买置树头，以藤竹引度，使之树树相通，斯花果不为虫蚀，柑橘林檬之树尤宜之。盖柑橘易蠹，其蠹化蝶，蝶胎子，还育于树为孩虫，必务探去之，树乃不病。然人力尝不如大蚁，故场师有养花先养蚁之说"[5]；清代吴震方的《岭南杂记》也记载："高州西荔枝村，兼种橘柚为业，其树连亘数亩，繁竹索引，大蚁往来出入藉以除蠹，蚁即于叶间营窠，多至仟佰，结如斗大。"[6]

---

[1]王根林.汉魏六朝笔记小说大观[M].上海：上海古籍出版社，1999：265.

[2]郭文韬.中国农业科技发展史略[M].北京：中国科学技术出版社，1988：257-259.

[3]庄绰.鸡肋编[M].萧鲁阳，点校.北京：中华书局，1983：112.

[4]俞宗本.种树书[M].康成懿，校注.北京：农业出版社，1962：55.

[5]屈大均.广东新语[M].北京：中华书局，1985：602.

[6]吴震方.岭南杂记[M].北京：中华书局，1985：52.

另外，人们还注意保护益鸟，以及放鸭治虫。早在先秦时期人们就观察到鹡鸰剖苇食虫，以及啄木鸟食林木害虫的情况；其后，汉宣帝元康三年（公元前63年）皇帝曾下诏保护飞鸟；后魏时代有些地方的官府制定过保护益鸟的法令，对妄害益鸟者要处以刑罚；到了唐代更加注重保护益鸟；五代时，后汉政权于乾祐元年（948）还曾下诏，"令民间禁捕鹨鸰"[1]，利用鹨鸰食蝗虫。元朝时，也很注意保护益鸟，元大德三年（1299）皇帝曾下诏"禁捕鹙"，因为"蝗在地者为鹙啄食，飞者以翅击死"[2]。明清时期也重视保护益鸟治虫，不仅保护的益鸟种类众多，而且治虫的范围也在扩大。而且，明清时期我国南方还盛行放鸭治虫，效果良好。明《霍文敏公文集》记载："广东的香山、顺德、潘禺、南海、东莞之境，皆产一虫，曰蟛蜞，能食谷之芽，大为农害，惟鸭能啖食焉，故天下之鸭惟广南为盛。"明末清初的陆世仪在《除蝗记》中说，"蝗尚未解飞，鸭能食之，鸭群数百入田畦中，蟓顷刻尽，亦江南捕蟓一法也"；江苏的《马迹山志》记载："咸丰七年丁巳春，遗蝻遍生如蚁，召鸭雏食之尽，麦大熟。"[3]

四、为农作物除去竞争对手，提高作物产量

自然界生物群落的种间关系错综复杂，有捕食、寄生、竞争、偏害作用、互利共生等多种。在农业生态系统中，最常见的就是种间竞争，即各种杂草与农作物争肥、争水、争光照等。因此，为了使农作物生长良好，在农业生产过程中就要为农作物除去杂草，以提高农作物产量。

强调为农作物除草也是我国传统农业一直都重视的内容之一。《管

---

[1] 郭文韬.中国农业科技发展史略 [M].北京：中国科学技术出版社,1988：259-260.

[2] 郭文韬.中国农业科技发展史略 [M].北京：中国科学技术出版社,1988：326.

[3] 郭文韬.中国农业科技发展史略 [M].北京：中国科学技术出版社,1988：414-417.

子·明法解》指出"草茅"必须要除去，否则就会妨害庄稼，"草茅弗去，则害禾谷；盗贼弗诛，则伤良民"；《左传·隐公六年》记载："农夫之务去草焉，芟夷蕴崇之，绝其本根，勿使能殖。"《吕氏春秋·辨土》将杂草列为田里的"三盗"之一，"弗除则芜，除之则虚，则草窃之也"。通过对田地的精耕细作可以减少杂草和害虫，"五耕五耨，必审以尽。其深殖之度，阴土必得。大草不生，又无螟蜮"。西汉《氾胜之书》记载了在耕田时就把杂草消灭的方法，并且顺便让草沤烂成肥料，"慎无旱耕。须草生，至可耕时，有雨即耕，土相亲，苗独生，草秽烂，皆成良田"。

北魏《齐民要术》在除杂草方面有较详细的论述，不仅去除杂草，还想办法将杂草变成田地里的肥料。《齐民要术·种谷第三》引用《盐铁论》的话对这种关系进行了总体理论概括，即"惜草茅者耗禾稼"，爱惜杂草，就会损耗庄稼。又，《齐民要术·种瓜第十四》："勿令有草生。草生，胁瓜无子。"在农业生产上，就是要设法把杂草去除，或者更好的办法就是变害为利。《齐民要术》较详细地论述了各种不同作物的除草办法，例如，它引用氾胜之的方法在耕田时就把杂草消灭，"慎无旱耕。须草生，至可耕时，有雨即耕，土相亲，苗独生，草秽烂，皆成良田"（《齐民要术·耕田第一》）。这种办法不仅会使杂草烂掉，还会增加农田肥力，使其变成良田。《齐民要术·种谷第三》叙述了给五谷锄草的基本原则："苗生如马耳则镞锄。谚曰：'欲得谷，马耳镞'。凡五谷，唯小锄为良。小锄者，非直省功，谷亦倍胜。大锄者，草根繁茂，用功多而收益少。"《齐民要术·水稻第十一》叙述了除去水稻杂草的方法："稻苗长七八寸，陈草复起，以镰侵水芟之，草悉脓死。稻苗渐长，复须薅。拔草曰薅。"《齐民要术》里还有使杂草变成肥料，变害为利的好办法："秋耕䅖青者为上。比至冬

月，青草复生者，其美与小豆同也。"（《齐民要术·耕田第一》）

南宋的《陈旉农书》根据南方梯田的地理特点，针对性地论述了田地除草的耕耘办法。《陈旉农书·薅耘之宜》一方面强调杂草薅除之后要将其深埋在地里作肥料，另一方面论述了薅草耘田的总体理论性原则，即"且耘田之法，必先审度形势，自下及上旋干旋耘。先于最上处收潴水，勿致水走失。然后自下旋放令干而旋耘。不问草之有无，必遍以手排捩，务令稻根之傍，液液然而后已。所耘之田，随於中间及四傍为深大之沟，俾水竭涸，泥坼裂而极干。然后作起沟缺，次第灌溉。夫已干燥之泥，骤得雨即苏碎，不三五日间，稻苗蔚然，殊胜于用粪也"。

元代《王祯农书》将除草治田列为农家必做之事，"粮莠不除，则禾稼不茂，种苗者，不可无锄耘之功也"。王祯在他的书里总结了《齐民要术》《陈旉农书》等除草治田方法，介绍了几种锄田效率高的"耧锄""劐子""耘荡"等新型农具，并绘有图谱，叙述了南北不同的耘薅方法，以供选择，"今采摭南北耘薅之法，备载于篇，庶善稼者相其土宜，择而用之，以尽锄治之功"。表明当时的除草技术水平已经达到了传统农业生产的较高水平。

到了明代，薅草耘田的水平达到了中国传统农业的顶峰，徐光启在他的《农政全书》里对中国历史上明朝以前及明朝当时所有的薅草耘田之法进行了综合性的总结叙述。

第四节　中国传统生态农业模式

中国传统农业的指导思想一直是"三才论"生态系统思想，随着时代的变迁传统农业生产技术和规模都在缓慢地向前进步和发展，到明清时期最终形成了一些具有代表性的生态农业模式。这些生态农业模式充分考虑天时、地宜、物宜，将不同的农业生产（例如种植业、养殖业等）按照食物链和物质循环利用的原理有机整合在一起，既大大提高了农业产能，又保护了生态环境。

一、"养猪（养羊）- 农田"生态农业模式

明清之际《补农书》的一大特点之一就是经常能够将各个不同的农业生产部分有机联系起来，形成一个具有物质循环同时伴随能量流动的生态系统。《补农书》记载了几种不同的生态农业模式，其中最典型就是"养猪（养羊）- 农田"生态农业模式。《补农书》的作者十分重视农家养猪，"古人云：'种田不养猪，秀才不读书'，必无成功。则养猪羊乃作家第一著"（《补农书·运田地法》）；认为养猪为"作家第一著"，农家不养猪就像秀才不读书一样，必然不会成功。清代的姜皋在他的《浦泖农咨》里也表达了相同的观点："棚中猪多，囷中米多，是养猪乃种田之要务也。"[1] 其实，《补农书》主张和提倡农家养猪的主要目的是积肥，其经济效益倒是次之，我们从他在文中的叙述可以看出。《补农书·运田地法》说："养猪，旧规亏折猪本，若兼养母猪，即以所赚者抵之，原自无亏。"后面在计算养猪的成本与利润时，《补农书·运田地法》更是明确地写道："养猪六口……共约本十六两零。……每养六个月，约肉九十斤，共计五百余斤。……照平价，计银十三两数，亏折身本，此其常规。"可见只养肉猪的话，从账面上看原本就是亏本的买卖，要兼养母猪才能把账面亏损赚回来，做到"原自无亏"。既然养猪是亏本的，或者最多是做到"原自无亏"，那《补农书》为什么还要如此重视农家自己养猪，并且认为养

---

[1] 闵宗殿. 宋明清时期太湖地区水稻亩产量的探讨 [J]. 中国农史，1984(3):47.

猪对于农家生产是如此重要的呢？原因就是养猪可以积肥，即《补农书》所说的"白落肥壅"，而这些肥料对于农田种植业的兴旺发展是至关重要的。从《补农书》的叙述看，猪主要吃的是豆饼、糟麦，当然还会有剩菜剩饭等不适合人食用的粮食。《补农书·运田地法》说："猪专吃糟麦，则烧酒又获赢息。"农家酿酒当然主产品烧酒是获利的，剩下的食物残渣——酒糟还可以喂猪，经过猪的消化利用后转变为美味的猪肉以及可以肥田的猪粪尿等。从生态学的视角看，这就是在生态循环过程中尽可能地对农作物初级生产所固定的能量的最大化利用，提高人们对农产品的实际利用率。

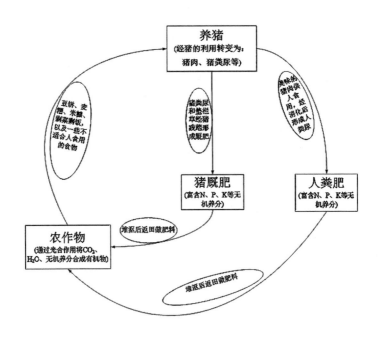

图 3-3 "养猪－农田"生态农业模式

可以说，《补农书》的眼光已经超出了站在单一的养殖业或种植业的角度思考问题，他站在了整个农业生态系统的高度，把养殖业和种植业有机地结合了起来，建立了一个拥有物质循环和能量流动的生态子系统。我们可以用示意图3-3来展示这个农业生态子系统的物质流、能量流的关系。

由图3-3可知，在《补农书》的"养猪-农田"生态农业模式中，养猪的作用是不仅处理掉了大量的低品质食品，将其转化为高品质、营养丰富的食品——猪肉，而且为农田积累了大量的有机肥料，有力地支持了农田种植业的可持续发展。从能量流动的视角看，本生态系统中的能量流动开始于农作物光合作用对太阳能量的最初固定，农作物进行的是初级生产。接着农作物生产的粮食中的一部分（通常是品质较差，不适合人类食用的）供猪消费，猪进行次级生产，将这些有机物同化为猪体自身，吸收和积累了这些品质较差的食品中的大部分能量。人们对美味猪肉的消费，就是间接地对这部分品质较差食品的再次利用，这样便提高了人类对农作物初级生产量的总体利用率。

《补农书》的"养羊-农田"生态农业模式与"养猪-农田"模式差不多，所不同的是养羊的主要饲料是来自自然界的草、叶，当然也有部分是来自农田的秸秆和杂草。《补农书·运田地法》说："若羊，必须雇人斫草……今羊专吃枯叶、枯草。"按照沈氏和张履祥的意思，养羊的最主要目的是给农田积肥。将养羊与种田结合起来对农田生态系统具有重要的意义，表现为：羊食用自然界的草、叶后部分转化为羊壅，而这些羊壅与羊的垫栏草一起构成羊厩肥来肥田，这是一种广泛向大自然收集农作物所需营养元素的方法和措施，有力地支持了田地种植业的发展。

其次，杂草跟农作物一样也是能对太阳能进行初次固定的初级生产者，不过，人们并不能直接利用杂草的初级生产量，而杂草经次级生产者羊食用后则转化为羊肉、羊皮、羊毛等对人类十分有用的食品、日用品等，这其实就是间接扩大了人们对自然界初级生产量的利用范围。沈氏的"养羊－农田"农业生态子系统可用示意图 3-4 表示。

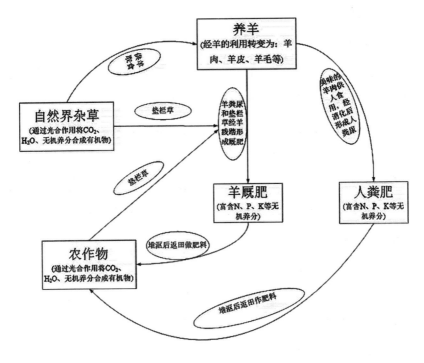

图 3-4 "养羊－农田"生态农业模式

图 3-4 所示系统显然不是一个物质循环的系统，而是一个营养物质向农田富集的单向流动系统，这便是养羊积肥壅对农田种植业的支持所在。在养殖业（养猪养）积肥壅的支持下，种植业能够很好地发展，种养结合在取得生态效益的同时也会让农家获得很好的经济效益。《补农

书·运田地法》这样写道："古人云：'养了三年无利猪，富了人家不得知'……耕稼之家，惟此最为要务。"

二、"养羊－果树－桑蚕－池鱼"生态农业模式

将农业生产中的各种行业有机地结合起来形成一个物质循环利用，能量尽可能多次提取的农业生态系统，以提高生态效益和经济效益，这在明清时期的农业较发达地区已经是当地人们的一种习惯，是一件很平常和普通的事情。张履祥的好友邬行素中年病故，留下老母、寡妻、幼子5人，家业是"遗田十亩，池一方，屋数楹而已"（《补农书·策邬氏生业》）。如何在缺少劳动力的情况下，用好这十亩田和一方池养活邬家之孤儿寡母就成了一个问题。为了解决邬家生计问题，张履祥替其对这十亩地和一方池进行了农业规划，他的规划展现了生态庄园的特点。张履祥说：

> 贫瘠田十亩，自耕仅可足一家之食。……莫若止种桑三亩（桑下冬天可种菜，四旁可种豆芋）。种豆三亩（豆起则种麦；若能种麻更善。不种稻者，为其省力耳）。种竹二亩（竹有大小，笋有迟早，杂植之，俱可易米）。种果二亩（如梅、李、枣、桔之类，皆可易米。成有迟速，量植之，惟有宜肥宜瘠。宜肥者树下仍可种瓜蔬，亦有宜燥宜湿，宜湿者于卑处植之）。池畜鱼（其肥土可上竹地，余可壅桑；鱼，岁终可以易米）。畜羊五六头，以为树桑之本（稚羊亦可易米。喂猪须资本，畜羊饲以草而已）。盖其田形势俱高，种稻每艰于水。种桑豆之类，则用力既省，可以勉强而能，兼无水旱之忧。竹果之类，虽非本务，一劳永逸，五年而享其成利矣。（《补农书·策邬氏生业》）

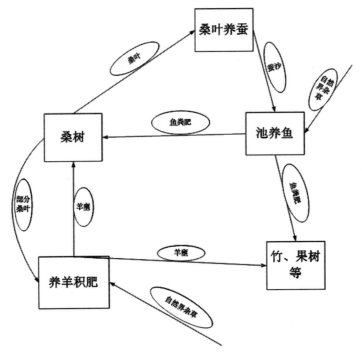

图 3-5 "策邬氏生业"的"养羊－果树－桑蚕－池鱼"生态农业模式

张履祥先生所描述的规划措施，展现了一条环环相扣的生态食物链，物质、能量可以得到多次利用。其中的生态系统模式结构可如图3-5所示。

从图 3-5 我们可以看出，除了可供人们消费的农产品成品带着营养物质流出此生态系统外，其余的养分都在系统内被循环利用。从能量流动上也体现着多次生产，提高了利用率。

张履祥先生的这个设计也处处展示着因地制宜的思想。邬氏的田地地势较高，取水困难，张履祥的设计便放弃种植需水量很大的水稻，改种"桑豆之类"，使种植的农作物"用力既省，可以勉强而能，兼无水旱之忧";邬氏的水池,毫无疑问被用来养鱼。

同时,在这个生态庄园里面还因地、因物制宜地开展间作套种,提高单位耕作土地面积的农作物产出率。在桑树下面可以套种蔬菜,桑树的周围可以间作豆类和芋头。其中豆类作物的套种,由于其自身的固氮特性,又给桑树增加肥料,一举多得。

这个生态庄园除了体现出良好的生态效益外,还展示着很好的经济效益。对经济效益,张履祥先生当时就这样估计道:"计桑之成,育蚕可二十筐。蚕苟熟,丝绵可得三十斤;虽有不足,补以二蚕,可必也。一家衣食已不苦乏。豆麦登,计可足二人之食。若麻则更赢矣,然资力亦倍费;乏力,不如种麦。竹成,每亩可养一、二人;果成,每亩可养二、三人;然尚有未尽之利。若鱼登,每亩可养二、三人,若杂鱼则半之。早作夜思,治生余暇,尚可读书。勤力而节用,佐以女工,养生送死,可以无缺。"(《补农书·策邬氏生业》)可见,张履祥先生认为,若邬氏按此规划经营这十亩田和一口池的话,是完全可以让邬氏的孤儿寡母过上较殷实的生活的。现代学者李伯重先生对此研究后认为,"邬氏的田地如种水稻,总产值至多相当于 15 石米。……如果改变经营方式,按照张氏的策划,那么同样十亩瘠田的生产率即可大大提高。……总产值约为 52 石米,为种水稻产值的 3.5 倍。如果加上在桑地、果园中种植的间作作物(如菜、芋瓜、蔬)的收入,那么这个差距还会更大。"[1] 学者周邦君认为:"(李伯重的)这种估算可能偏高,而就一般年景通盘考虑,邬家在解决全家生存问题的基础上略有节余(即一年总产值相当于 20 来石稻米),是不难办到的。如此也足以说明,邬家农业生态运行的经济

---

[1] 李伯重. 十六、十七世纪江南的生态农业(下)[J]. 中国农史,2004,23(4):42-56.

效益是相当可观的。"[1] 我们也认为，张履祥先生的这个生态庄园的规划设计是十分科学合理的，不仅有良好的生态效益，还有更好的经济效益。

也许，作为当时农学家的张履祥能设计出这样的生态庄园并不会让人惊奇，但是，我们从《补农书》的记载可以得知的是，当时富有务农经验的老农也有整合各个农业生产部分而形成整体生态农业的思想。《补农书·〈补农书〉后》记载："尝于其乡见一叟戒诸孙曰：'猪买饼以喂，必须赀本；鱼取草于河，不须赀本。然鱼、肉价常等，肥壅上地亦等，奈何畜鱼不力乎！？'"很显然，这是将养鱼业与种植业有机结合起来了，形成"养鱼－种田"生态农业模式。采集鱼草除了供鱼食用，使鱼长大获得经济效益外，同时也是在为农田积肥，以支持种植业的发展。从社会的角度看，沈氏和张履祥都是生活在明末清初时期，他们撰写的农书其实很大程度上就是对当时当地普遍存在的农业生产科技的归纳与总结，因为当时的社会并没有实验室，他们所写的理论不可能来源于实验室的实验归纳。可见，无论是《补农书》本身的记载，还是从此书作者所处的社会情况分析，都表明了设计生态农业的思想已经很流行和普遍，各种各样的生态农业模式在明末清初时期的杭嘉湖地区也已经是一个比较普遍的现象。

三、"塍植树－池养鱼－池上建舍养猪"生态农业模式

明代中后期李诩的《戒庵老人漫笔》，记载了谭晓在江南水乡的水淹地依靠设计发展综合性生态农业而发家致富的故事。《戒庵老人漫笔·谈参传》记载："谈参者，吴人也，家故起农。参生有心算，居湖乡，田多洼芜，乡之民逃农而渔，田之弃弗辟者以万计。参薄其直（值）

---

[1]周邦君.《补农书》所见肥料技术与生态农业 [J].长江大学学报：农学卷,2009(2):102-106.

收之，庸饥者，给之粟，凿其最洼者池焉，周为高塍，可备坊泄，辟而耕之，岁之入视平壤三倍。池以百计，皆畜鱼，池之上为梁为舍，皆畜豕，谓豕凉处，而鱼食豕下，皆易肥也。塍之平阜植果属，其污泽植菰属，可畦植蔬属，皆以千计。鸟凫昆虫之属悉罗取，法而售之，亦以千计。室中置数十瓯，日以其分投之，若某瓯鱼入、某瓯果入，盈乃发之，月发者数焉。视田之入，复三倍。……以故参之赀日益，窖而藏者数万计。"[1] 同样的记叙也见于《光绪常昭合志稿·卷四十八轶闻》[2]，不过主人公变成了谭晓和其兄谭照。其实，谈参就是谭晓，因为明代的李诩就说过："谈参实谭晓，常熟湖南人。行三，参者三也。"[3]《戒庵老人漫笔·谈参传》

　　这个《戒庵老人漫笔·谈参传》讲的就是发生在江苏常熟地区的故事。由李诩的《谈参传》可知，明代中后期时，我国南方水乡靠近湖泊的一些地方由于地势较低常挨水淹，如何开发这些水淹地就成了一个问题，有不少民众放弃种田转而从事捕鱼为生。农学家谭晓收购这些水淹地，对其进行合理的改造，然后再因地制宜，充分利用空间地理的各种关系，将种植业与养殖业巧妙地联合起来，形成了一个物质循环利用，能量流层层多次提取的人工生态农业。谭晓将最低洼的地挖成池，用于养鱼；其中挖出的泥土用于堆高周围地势较高的洼地，以避免水淹，然后在加高后的地上发展种植业。这些地方也是要因地制宜，在高而平坦的地上种植果树，在仍然有水的较低洼地方可以种植水生作物菰属之类，也可在这些地方做畦后再种蔬菜。在池上面建猪圈养猪，由于靠近水边得到阴凉，猪很容易长肥；猪屎以及猪吃剩的食物残渣供鱼再次利用，

[1] 李诩.戒庵老人漫笔[M].魏连科,点校.北京:中华书局,1982:153.
[2] 郑钟祥,张瀛,庞鸿文.光绪常昭合志稿[M].南京:江苏古籍出版社,1991:804.
[3] 李诩.戒庵老人漫笔[M].魏连科,点校.北京:中华书局,1982:154.

鱼也很容易长肥。当然，猪的食物很大部分是来源于改造后高地发展的种植业。根据李诩的记载，谭晓设计的人工生态农业的各部分的关系可如图 3-6 所示。

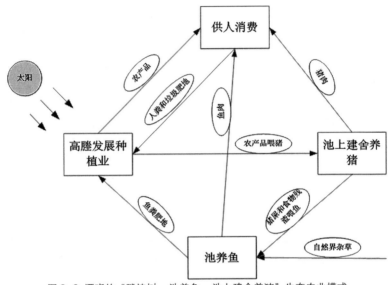

图 3-6 谭晓的"塍植树 - 池养鱼 - 池上建舍养猪"生态农业模式

图 3-6 所示的生态农业是科学合理的，充分体现了因地制宜、种植业与养殖业有机结合、物质循环利用，农作物的初级生产量得到二次提取生产。用于喂猪的有机物经过猪的消化同化部分物质能量后，其未被消化的食物残渣（猪屎）被鱼进一步摄取利用转化，提高了对有机物的转化率。从对土地的开发利用角度看，谭晓将不适宜于农业生产的水淹地、洼地变成了一个科学合理的人工生态农业场地，是极为了不起的，这也反映了我国先民的伟大聪明才智。从生态效益上看，除了向人类社会输出物质产品供人类消费外并没有输出任何垃圾或污染物，物质在生

态系统系内循环利用；相反，它还吸纳和消化了不少人类的粪便和生活垃圾，清洁净化了人类的生活环境。从对地力的影响上看，由于养分物质是在系统内循环利用的，不会消耗地力而导致地力枯竭，因此地力可以持续保持，实现农业生产的永续进行和发展。最后，我们再来分析一下这个人工生态场的经济效益如何。人们必须要从自然界索取衣、食等资源以维持人们的生活，因此我们发展生态农业，不仅仅是为了生态效益，经济效益也是我们追求的一个重要指标。李诩在《戒庵老人漫笔·谈参传》中写道："(谭晓)室中置数十甋，日以其分投之，若某甋鱼入、某甋果入，盈乃发之，月发者数焉。视田之入，复三倍。……以故参之赀日益，窖而藏者数万计。"很显然，经济效益是非常好的，谭氏因此而成了当地有名的富翁。《戒庵老人漫笔·谈参传》还记载有："倭乱时，晓献万金城其邑城，后邑令王叔杲撰谭晓祠议，以旌其功云。"[1]

四、果基鱼塘与桑基鱼塘生态农业模式

明代中叶以后，广东珠江三角洲地区已经出现了果基鱼塘与桑基鱼塘形式的生产。基塘形式的生产，最初以果基鱼塘为主，后来逐渐发展成果基鱼塘与桑基鱼塘并存。例如当时的顺德陈村"堑负郭之田为圃，名曰基，以树果木。荔枝最多，茶桑次之，柑橙次之，龙眼则树于宅，亦有树于基者；圃中凿池畜鱼，春则涸之播秧。大者至数十亩"[2]。即，将洼地挖成池塘用于养鱼，挖出的泥土用以堆高四周(就是"基")用于种植果树。这种果基鱼塘模式的生态农业得到进一步的推广和发展，到明末清初时在广州已经较普遍，据清初的屈大均在《广东新语·鳞语·养

---

[1] 李诩.戒庵老人漫笔[M].魏连科，点校.北京：中华书局，1982：154.

[2] 万历《顺德县志》，转引自：谢天祯.明清时期广东的农业经济与农业生态[M]//明清广东省社会经济研究会.明清广东社会经济研究.广州：广东人民出版社，1987：120-137.

鱼种》中的记载："广州诸大县村落中，往往弃肥田以为基，以树果木。
荔枝最多，茶、桑次之，柑、橙次之，龙眼多树宅旁，亦树于基。基下
为池以畜鱼，岁暮涸之，至春以播稻秧，大者至数十亩。"[1] 至于为什么
会出现改稻田为果基鱼塘模式，学者谢天祯认为是由于"果木利大，'稻
田利薄，每以花果取饶'，所以许多地区甚至改禾田为基塘"[2]。我们认为
鱼塘养鱼的利益也不可忽视，应当是"果木 + 鱼塘"的复合生态农业经
营模式的利润大于单一的水稻种植模式利润。果基鱼塘生态农业的内部
结构关系可如示意图 3-7 所示。

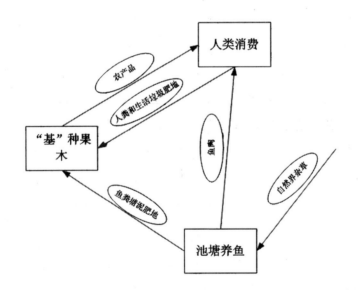

图 3-7 果基鱼塘生态农业模式图

[1] 屈大均 . 广东新语 上下 [M]. 北京 : 中华书局 ,1985 : 564.

[2] 谢天祯 . 明清时期广东的农业经济与农业生态 [M]// 明清广东省社会经济研究会 . 明清广
东社会经济研究 . 广州 : 广东人民出版社 ,1987:120-137.

图 3-7 所示的生态农业模式中，开凿的养鱼池不仅是在进行自身的农业生产（养鱼），同时也是在为岸基的果木生产积累肥料，可谓一举两得，实现了物质的多次利用。在年底打捞完鱼后把塘里的水放干，第二年春天就用塘底来做水稻的秧田，这样就不仅更加提高了土地的利用率，而且还充分利用了塘泥肥力，由于塘底地势低更兼有防寒潮的效果。

广州在秦汉时就是繁荣都会，汉唐以来是海上"丝绸之路"的始发港，清朝闭关锁国时广州是中国唯一对外开放的港口，垄断全国外贸，也是中国最早对外的通商口岸。清代，我国的丝织品畅销国外，利润颇高，而广州就是当时主要的出口地。这种情况刺激了广东当地桑蚕业的发展，基塘农业的模式于是逐渐由"果基鱼塘"向"桑基鱼塘"转变。此外，还由于种桑具有投资少、生长快、发芽早、落叶迟、再生力强、耐采伐、易采摘、造数多、产量高、见效快等许多优点，又可与家庭养蚕、缫丝紧密结合，充分利用劳动力。这同水果生长周期长、耐采性差、不易采摘、不便运销、容易腐烂等特点相比，种桑当比种植水果有利。加上"凡龙眼用接、荔枝用博"，"荔枝种至四年即实，龙眼必五年"，栽接培育工序繁杂。所以很快在许多地区桑基鱼塘便迅速兴起，并取果基鱼塘而代之[1]。南海九江"地狭小而鱼占其半，池塘以养鱼，堤以树桑"[2]，"乾、嘉以后，民多改业桑鱼，树艺之夫，百不得一"[3]。总之，后来在清代广东

[1]谢天桢.明清时期广东的农业经济与农业生态[M]//明清广东省社会经济研究会.明清广东社会经济研究.广州：广东人民出版社,1987:120-137.

[2]道光《南海县志》卷8,风俗。转引自：谢天桢.明清时期广东的农业经济与农业生态[M]//明清广东省社会经济研究会.明清广东社会经济研究.广州：广东人民出版社,1987:120-137.

[3]光绪《九江儒林乡志》卷3,物产。转引自：谢天桢.明清时期广东的农业经济与农业生态[M]//明清广东省社会经济研究会.明清广东社会经济研究.广州：广东人民出版社,1987:120-137.

珠江三角洲地区发展成了以桑基鱼塘生态农业模式为主的农业格局。典型"桑基鱼塘"模式是这样的，就如清代的《高明县志·卷二·物产》所说："秀丽围近年业蚕之家，将洼田挖深取泥覆四周为基，中凹下为塘，基六塘四，基种桑，塘畜鱼，桑叶饲蚕，蚕屎饲鱼，两利俱全，十倍禾稼。"[1]这种桑基鱼塘生态农业模式的内部结构关系可如示意图 3-8 所示。

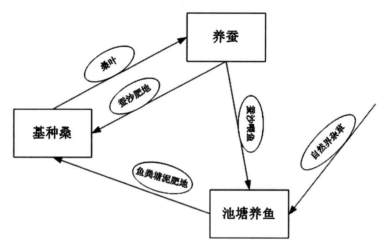

图 3-8 桑基鱼塘生态农业模式图

　　图 3-8 表示的是清代广东典型的桑基鱼塘生态农业模式。这种生态农业模式的建造过程是，人们将地势低洼的田挖深为池塘，其中挖出的泥巴堆在池塘的四周为基，基与池塘的面积比大约为 6：4，然后池塘用于养鱼，基用于种植桑树养蚕。在这个人工生态系统中，物质是循环利用的，植物（桑树）的初级生产量也得到了多次利用，如桑叶经过家

[1]高明县地方志编纂委员会．清·光绪二十年《高明县志》点注本[M]．高明：高明县地方志编纂委员会，1991：72.

蚕的消化提取变为蚕屎后还可喂鱼被鱼再次提取利用。珠江三角洲地区，农民种桑皆兼养蚕放鱼，"农人植桑者无不养蚕，以所得之蚕沙可省麸之费也"[1]。蚕沙既可用于肥地，也可用于喂鱼，两用俱佳。塘泥是种植桑树的好肥料，这在《补农书》就有记载。清代广东秀才卢燮宸在考察当地种植桑树的经验后也是这样写道："培桑肥料，以塘泥、撒搋肉麸及煎硝所出之老水为上，次用生粪，或用蚕屎更便。"[2]

这种桑基鱼塘农业不断发展，到清末便发展为蚕、桑、鱼、猪一体化养殖的更为复杂的生态农业模式。晚清陈经善的《岭南蚕桑要则》记载："顺德地方足食有方……皆仰人家之种桑、养蚕、养猪和养鱼……鱼、猪、蚕、桑四者其齐养"；"或于山坑开一水滋，或于河边挖一水澳，将该滋澳专养浮萍，以供喂猪，将该猪粪，将以培桑，将该桑叶，将以养蚕，将该蚕渣茧水，又可培桑养鱼。"[3]《粤中桑蚕刍言》记载："大头鱼与鲮鱼俱食粪料，其料有用人屎、有用蚕蛹、蚕屎、桑渣，有用猪屎，数者仍以人屎为上，猪屎次之，蚕屎等又次之。"[4]这些记载表明，到晚清人们已经将养猪有机地融入了桑基鱼塘生态农业模式中，实现了养殖业、种植业、副业等各个行业的有机结合，体现出了我国生态农业的进一步发展。再往后，到民国时期，由于社会经济的原因，广东的桑基鱼

[1]宣统《南海县志》卷四，物产。转引自：谢天祯.明清时期广东的农业经济与农业生态 [M]//明清广东省社会经济研究会.明清广东社会经济研究.广州：广东人民出版社,1987:133.

[2]卢燮宸.《粤中蚕桑刍言》，清光绪十九年刻本，24页。转引自：谢天祯.明清时期广东的农业经济与农业生态[M]//明清广东省社会经济研究会.明清广东社会经济研究.广州：广东人民出版社,1987：120-137.

[3]陈经善.《岭南蚕桑要则》，清宣统三年刻本,13页。转引自：谢天祯.明清时期广东的农业经济与农业生态[M]//明清广东省社会经济研究会.明清广东社会经济研究.广州：广东人民出版社,1987：120-137.

[4]卢燮宸.《粤中蚕桑刍言》，清光绪十九年刻本，34页。转引自：谢天祯.明清时期广东的农业经济与农业生态[M]//明清广东省社会经济研究会.明清广东社会经济研究.广州：广东人民出版社,1987：120-137.

塘逐渐向蔗基鱼塘转化。学者吴建新和赵艳芝的研究表明："蔗基鱼塘是在民国时期才发展起来的。在 20 世纪 20—30 年代，由于国际市场的影响，广东的蚕桑业一度衰落。而在 30 年代前期，广东机器糖业促进了甘蔗种植业向没有蔗糖业传统的顺德基塘区扩展，桑基鱼塘便向蔗基鱼塘转化。蔗基鱼塘成为占优势的类型。"[1]

我们再来分析一下广东桑基鱼塘生态农业的经济效益。按照《高明县志·卷二·物产》记载的话说是"十倍禾稼"，即桑基鱼塘的经济效益是单独种植水稻的十倍。根据学者梁光商的研究：1650—1840 年（鸦片战争前），珠江三角洲掀起"弃田筑塘，废稻种桑"的高潮，桑地不断扩展，"桑基鱼塘"代替双季稻；在局部地方还出现了桑地全部代替了稻田的现象 [2]。《九江乡志》："境内无稻田，仰籴于外。"《龙江志略》(1657)："旧原有稻田，今皆变为基塘，民务农桑，养蚕为业。……女善缫丝。"《顺德县志》："禾田多变塘基，莳禾之地，不及十一，谷之登场亦罕矣。" [3] 虽然那时在珠江三角洲地区是很少种植水稻的；但是，"乡无耕稼，而四方谷米云集"[4]（嘉庆《九江县志》）。可见，广东珠江三角洲地区从事桑基鱼塘经济效益是很好的，人们获得的收入比单独经营水稻多得多，人们生活应当是比较丰富和殷实的。

[1] 吴建新，赵艳芝. 明清以来广东的生态农业类型 [J]. 中国农史，2005(4):29-36.

[2] 梁光商. 珠江三角洲桑基鱼塘生态系统分析 [M]// 华南农业大学农业历史遗产研究室. 农史研究第 7 辑. 北京：农业出版社，1988:95-98.

[3] 古文转引自：梁光商. 珠江三角洲桑基鱼塘生态系统分析 [M]// 华南农业大学农业历史遗产研究室. 农史研究第 7 辑. 北京：农业出版社，1988:95-98.

[4] 古文转引自：谢天祯. 明清时期广东的农业经济与农业生态 [M]// 明清广东省社会经济研究会. 明清广东社会经济研究. 广州：广东人民出版社，1987:120-137.

五、旱作区的"养家畜－种植业"生态农业模式

我国北方的旱作农业地区，生态环境不如南方地区好，没有众多的河流湖泊，其生态农业模式主要以"养家畜－种植业"模式为主。畜养家畜，一方面因家畜自身的经济价值而获利，另一方面利用家畜积累粪肥，以支持种植业的发展，一举多得，实现养殖业与种植业的有机联合，形成营养元素在农业生态系统中的循环利用。

清代陕西农学家杨屾在他的《豳风广义·畜牧说》中说："畜牧：猪、羊、鸡、鸭四条，已亲经实效，有裨农家日用者，一一详述而备载之。愿我同志共相徒事，不但奉高堂而享肥甘，亦足佐蚕桑而滋余利。"[1] 又 "多种苜蓿，广畜四牝"，可以 "多得粪壤以为肥田之本"[2]，而 "养猪以食为本，纯买麸糠饲之则无利。大凡水陆草叶根皮无毒者，猪皆食之，唯苜蓿最善，采后复生，一岁数剪，以此饲猪，其利甚广，当约量多寡种之"[3]。清代陕西另一位农学家杨秀元(字一臣)，在他的《农言著实》中也论述了种植苜蓿以用于饲养家畜的思想。《农言著实》说："正月……此月节气若早，苜蓿根可以餧牛。……咱家地多，年年有种的新苜蓿，年年就有开的陈苜蓿。况苜蓿根餧牛，牛也肯喫。又省料，又省稭，牛又肥而壮。……三月，苜蓿花开圆时，割苜蓿。先将冬月干苜蓿积下，好餧牲口。"[4] 此外，无论是杨屾的《豳风广义》《知本提纲》，还是杨秀元的《农言著实》，抑或是清代山西名宦祁寯藻的《马首农谚》都主张和提倡广积各种杂草用于喂养牛、羊、马等牲畜。饲养各种家畜一方面是从家畜本身获得经济

[1]杨屾. 豳风广义 [M]. 北京：农业出版社，1962:161.

[2]杨屾. 豳风广义 [M]. 北京：农业出版社，1962:162.

[3]杨屾. 豳风广义 [M]. 北京：农业出版社，1962:165.

[4]杨一臣. 农言著实评注 [M]. 翟允瞭，整理；石声汉，校阅. 北京：农业出版社，1989:1-3.

利益，另一方面则是在为农田积累粪肥。清代山西名宦祁寯藻在他所著的《马首农谚》中写道："牛宜圈于厩中。喂草之后，冬则繁于露天，夏则繁于树荫，俱在屋之前后，以便看管。其所卧之处，用黄土铺垫，积久成粪。豕……宜于近牢之地，掘地为坎，令其自能上下，或由牢而入坎，或由坎而入牢。豕本水畜，喜湿而恶燥；坎内常泼水添土，久之自成粪也。"[1] 又"夜圈羊于田中，谓之圈粪，可以肥田 [2]"。杨岫在他的《知本提纲》介绍酿造粪壤的十种方法时更是明确指出："一曰人粪……培苗极肥，为一等粪。……一曰牲畜粪，谓所蓄牛马之粪。法用夏秋场间所收糠穰碎柴，带土扫积，每日均布牛马槽下，又每日再以干土垫襯；数日一起，合过打碎，即可肥田。又勤农者于农隙之际时，或推车，或挑笼，于各处收取牛马诸粪。"[3] 此外还有"草粪""火粪""泥粪""骨蛤灰粪""苗粪""渣粪""黑豆粪""皮毛粪"等，基本上是以人、畜粪便为主，囊括了一切有肥力的生活垃圾、自然界杂草以及利用具有固氮功能的豆科植物等作为肥料。北方旱作区的主要生态农业模式——"养家畜－种植业"模式的结构可如图 3-9 所示。

图 3-9 中的"种苜蓿"本应归于"农作物"项的，但根据杨岫及杨秀元等古代农学家的论著的记载来看，苜蓿应该是当时当地养猪（部分喂牛）的主要饲料作物，故特地单独画出来，以显示苜蓿在当时当地作为饲料作物的重要性。总的来看，北方旱作区的"养家畜－种植业"生态农业模式与《补农书》所记载的"猪羊－稻田"生态农业模式是很类

[1]祁寯藻 . 马首农言注释 [M]. 高恩广,胡辅华,注释 . 北京 : 农业出版社,1991 : 63.

[2]祁寯藻 . 马首农言注释 [M]. 高恩广,胡辅华,注释 . 北京 : 农业出版社,1991 : 64.

[3]杨岫 . 知本提纲 [M]// 王毓瑚 . 秦晋农言 . 北京 : 中华书局,1957 : 38.

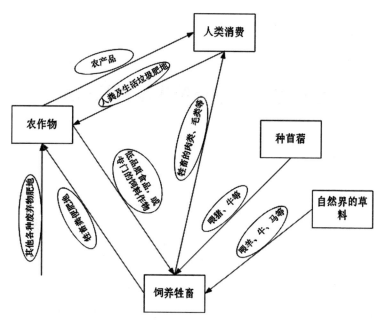

图 3-9 北方旱作区的"养家畜－种植业"生态农业模式图

似的,这里是"多种苜蓿,广畜四牧",以便"多得粪壤以为肥田之本"[1]。
当然,这个生态农业模式也是体现着物质循环利用和废弃物资源化的,
既有利于建立清洁的人类生存环境,也有利于农业生产的可持续发展,
是科学合理的。

[1] 杨岫. 豳风广义 [M]. 北京:农业出版社,1962:162.

第四章　中华传统生态科技思想

中华文明在与自然界几千年的交往中不仅形成了自己独特的生态世界观，发展了传统生态经济，养成了具有民族特色的绿色生活文化，创造了传统生态农业，而且还积累了一些生态科技知识和思想。这方面的内容虽然不多，但都是从实践中得来并又经过实践检验的真材实料，反映了中华文明对生态学的发展和生态文明建设有自己独到的贡献。我们从生物与非生物因素关系、生物与生物因素关系、生态系统思想、生态科技的应用与实践这几个方面对中华传统生态科技思想进行讨论和分析。

第一节　生物与非生物因素的关系

生态学是专门研究生物与环境关系的科学，环境包括非生物因素和生物因素两大类。非生物因素如阳光、温度、水分、土壤、空气等，生物因素指影响生物生存的其他各种生物。生物与环境的关系是相互的，环境的变化直接影响生物的生存，同时生物的生活也能改变环境。我国先民对生物与非生物环境的关系有比较深刻的认识。在生物与地理环境的关系、生物与土壤的关系、生态因子水的重要作用、生物与阳光的关系、生物生态位、生物与矿产的关系等方面有比较丰富的认识与经验积累。

一、植物分布的垂直地带性特点

《管子》不仅是经济、军事、治国理论的集大成之作，也蕴含有丰富的古代科技知识和科技思想，而其中的《地员》篇更是先秦时期生态知识和生态思想的代表作。世界著名的科技史学家李约瑟博士说过，"经过对大量书籍的查阅考证，可以说，我们能够提出的生态学、植物地理学和土壤学都诞生于东亚文化，而从《管子》一书着手探讨是合适的，这是流传至今的所有古代自然科学和经济学典籍中最引人入胜的一部"[1]。我国著名科学家卢嘉锡总主编的《中国科学技术史·农学卷》称《管子·地员》篇为"最早的生态地植物学著作"[2]。

在《地员》篇中，记载了与现代生态学相一致的植被分布的垂直地带性特点，即从山麓到山顶随着海拔的升高，植被类型依次交替变化。《地员》篇中的原文如下：

> 山之上，命之曰县泉，其地不干，其草如茅与菀，其木乃櫣，凿之二尺乃至于泉。山之上，命曰复吕。其草鱼肠与蓛，其木乃柳，凿之三尺而至于泉。山之上，命之曰泉英，其草蕲、白昌，其木乃杨，凿之五尺而至于泉。山之材，其草兢与蒿，其木乃格，凿之二七十四尺而至于泉。山之侧，其草菌与蒌，其木乃品榆，凿之三七二十一尺而至于泉。

[1] 李约瑟.中国科学技术史（第6卷 生物学及相关技术 第1分册 植物学）[M].北京：科学出版社,2006：43.

[2] 卢嘉锡,董恺忱,范楚玉.中国科学技术史：农学卷[M].北京：科学出版社,2000：65.

　　该段文字所记载的植物垂直性分布特点可用下面的图示和表格清晰地表示出来：

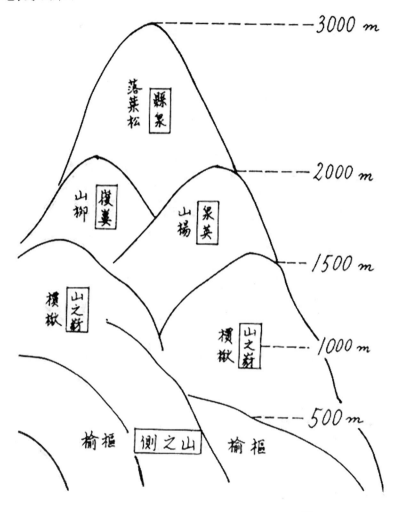

图 4-1《管子》描述的山地植物垂直分布图 [1]

---

[1] 夏纬瑛.管子地员篇校释[M].北京：农业出版社，1981：29.

表 4-1《管子》描述的不同海拔山地及其代表植被

地貌	估测高度（尺）	代表性植被	地下水位深度（尺）
山之上，悬泉：最高的山，有泉自上流下，其地不干	6000—9000	茹茅、莞（蘆）、橚（落叶松）	2
山之上，复吕：重山之顶巅	5000—6500	鱼肠、莸、柳（山柳）	3
山之上，泉英：两山相重而有泉者	4500—6000	蕲、白昌、杨（山杨）	5
山之材（豺）：低山而有杂木的地带	1500—4500	莌（苤）、蔷薇、格（椵）	14
山之侧：自山麓降至山下之处	150—1500	菖、葰、品榆	21

在介绍完山地植被的垂直地带性特点后，《管子·地员》的作者又假设了一小块从浅湖区一直延伸到平原陆地的区域，然后论述这片区域的植物分布情况。其原文如下：

凡草土之道，各有谷造。或高或下，各有草土。叶下于蘩，蘩下于苋（莞），苋（莞）下于蒲，蒲下于苇，苇下于雚，雚下于蒌，蒌下于荓，荓下于萧，萧下于薛，薛下于萑（蓷），萑（蓷）下于茅。凡彼草物，有十二衰，各有所归。

《地员》的作者在这里挑选了 12 种具有代表性的植物，从生于水中的叶（莲）开始到生于陆地的茅为止，以此表明不同的植物各自适合生长于不同地势的生态环境，即所谓"草土之道"。上面的古文的含义可以用以下图示和表格清楚地表示出来。

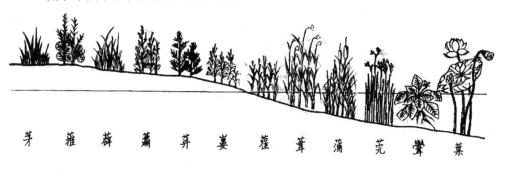

茅　菹　薜　萧　荓　薽　蒌　苇　蒲　芫　葜　菜

图 4-2《管子》描述的植物十二衰水地生态分布图[1]

按照《地员》对这 12 种植物的叙述顺序，详细分析其情况，可列表如下：

表 4-2《管子》描述的植物十二衰详情[2]

植物古名	植物今名	所属科
叶	莲 Nelumbo nucifera 或 芡实 Euryale ferox	睡莲科
	欧菱 Trapa natans	菱科
	菰 Zizania latifolia	禾本科
芫	水葱 Scirpus tabernaemontani	莎草科
蒲	宽叶香蒲 Typha latifolia	香蒲科
苇	芦苇 Phragmites communis	禾本科
蒌	萝藦 Metaplexis japonica	萝藦科

[1]夏纬瑛.管子地员篇校释[M].北京：农业出版社，1981.37.
[2]参考李约瑟的《中国科学技术史 第6卷 第1分册植物学》第54页改作。

续表

蒌	北艾 Artemisia vulgaris 或 荒野蒿 Artemisia campestris	菊科
荓	地肤 Kochia scoparia	藜科
萧	蒿属 Artemisia L	菊科
薜	薜荔 Ficus pumila	桑科
	拐芹 Angelica polymorpha	伞形科
	某种荨麻科植物或大麻 Cannabis sativa	荨麻科或大麻科
萑	细叶益母草 Leonurus sibiricus	唇形科
茅	白茅 Imperata cylindrica	禾本科

二、生物与地理环境变化的关系

《尚书》是我国最古老的官方史书，是我国第一部上古历史文献和部分追述古代事迹著作的汇编，它保存了商周特别是西周初期的一些重要史料。《尚书》相传由孔子编撰而成，但有些篇是后来儒家补充进去的。《禹贡》是《尚书》中的一篇，它是"留传下来的最古老的中国地理学文献"[1]，《禹贡》序言就写道："禹别九州，随山浚川，任土作贡。"《禹贡》的作者将当时的中国划分为"冀、兖、青、徐、扬、荆、豫、梁、雍"九个州，叙述了各个州的地理位置、土壤植被、物产贡赋等，并对各个州土壤的等级进行了划分。这种将各地动植物与当地土壤、气候等生态因子相结合的论述，主张因地制宜地发展农业的思想，与现代生态学表现出一致性。《尚书·禹贡》生态思想的详情如表 4-3 所示。

---

[1] 李约瑟. 中国科学技术史（第 6 卷 生物学及相关技术 第 1 分册 植物学）[M]. 北京：科学出版社，2006：72.

表 4-3 《尚书·禹贡》记载的九州自然环境与生物的关系

九州名称	地理范围[1]	土壤及等级	动植物
冀	河北西部北部，山西、河南北部等地	白壤；中中	
兖	山东西部和北部，河南东南部	黑坟；中下	厥草惟繇，厥木惟条，桑蚕
青	山东东部等地	白坟；上下	海物，松
徐	山东南部，江苏北部，安徽北部等地	赤埴坟；上中	草木渐包；羽畎夏翟，峄阳孤桐，泗滨浮磬，淮夷蠙珠暨鱼
扬	江苏、安徽、浙江南部、江西等地	涂泥；下下	篠簜既敷，厥草惟夭，厥木惟乔；阳鸟；象；鸟类；旄牛；橘柚；贝类
荆	湖北、湖南等地	涂泥；下中	鸟类；旄牛；象；杶、榦，栝，柏，菁茅，大龟
豫	河南，湖北北部等地	壤、坟垆；中上	漆，枲
梁	陕西南部，四川等地	青黎；下上	熊，罴，狐，狸
雍	陕西北部，甘肃等地	黄壤；上上	

　　《尚书·禹贡》在对各地物产的记叙中，主要记载的是各个州的朝贡品；对各州生态环境侧重于叙述土壤，不仅论述了九个州各自的土壤质地、颜色和类型，而且还对它们进行了排序和等级划分。在对生态环境的描述中，只有"兖、徐、扬"三州的描述比较详细，记叙了代表性

---

[1]卢嘉锡，董恺忱，范楚玉. 中国科学技术史：农学卷[M]. 北京：科学出版社，2000：114.

植物及其长势，兖州是"厥草惟繇，厥木惟条"，徐州是"草木渐包"，扬州是"篠簜既敷，厥草惟夭，厥木惟乔"。"兖、青、荆、豫、梁"这四个州没有涉及土壤以外的生态环境描述，但可以从它对朝贡品的记叙中知道一些特产的动植物；"冀、雍"两州不仅没有叙述土壤以外的生态环境，就连贡品中也没有涉及到具体的动植物。著名科学史学家李约瑟觉得《禹贡》"显然在某一时期被节略，所以有些部分被删去了"[1]，他认为所有的州的记叙都应该像"兖、徐、扬"三州一样的详尽。当然，李约瑟的说法只是一种推论，并不一定就是实情；就算其他六州的描述也如"兖、徐、扬"三个州一样，客观地评价，《禹贡》的关于各个州的生态环境与其所适宜的动植物的描述仍然是比较简单的。这也从一个方面意示着《禹贡》的成书年代的远古性。

《周礼》是中国古代著名的"三礼"[2]之一，为儒家经典；《周礼》总共包括天官、地官、春官、夏官、秋官、冬官等六篇，但是冬官篇已亡，汉儒于是取性质与之相似的《考工记》补其缺。《周礼·职方氏》论述了生物与地理环境变化的关系，即不同的地理环境适应不同的生物生长，甚至对人的影响也巨大，尤其影响当地人的男女性别比例。《职方氏》一文属于《周礼·夏官》篇，职方氏是《周礼》所设立的官名，他的职责是负责调查研究全国各地的生态环境、所适宜种植的农作物、所适宜畜养的动物、当地的居民情况等等。《职方氏》一文所记载的内容具有很强的生态学意味，详情如表4-4所示。

[1]李约瑟.中国科学技术史（第6卷 生物学及相关技术 第1分册 植物学）[M].北京：科学出版社，2006：80-81.
[2]"三礼"即指《周礼》《仪礼》和《礼记》。

表 4-4 《周礼·职方氏》记载的各州自然环境与生物的关系

九州名称	地理范围[1]	山川河流湖泊	适宜种植的作物	适宜畜养的动物	其他特产生物	当地人的男女比例
扬	安徽南部、江苏南部、浙江、江西等地	会稽、具区、三江、五湖、	稻	鸟兽	竹、箭	二男五女
荆	湖北、湖南等地	衡山、云梦、江、汉、颍、湛	稻	鸟兽	齿、革	一男二女
豫	河南南部、湖北北部、安徽北部等地	华山、圃田、荥、雒、波、溠	黍、稷、菽、麦、稻	马、牛、羊、猪、犬、鸡	林、漆、丝、枲	二男三女
青	山东南部、安徽北部、江苏北部等地	沂山、望诸、淮、泗、沂、沭	稻、麦	鸡、狗	蒲、鱼	二男二女
兖	河北南部、山东西部和中部等地	岱山、大野、河、沛、卢、维	黍、稷、稻、麦	马、牛、羊、猪、犬、鸡	蒲、鱼	二男三女
雍	陕西、甘肃、四川等地	岳山、弦蒲、泾、汭、渭、洛	黍、稷	牛、马		三男二女
幽	河北及山东沿海地区等地	医无闾、貕养、河、沛、菑、时	黍、稷、稻	马、牛、羊、猪	鱼	一男三女
冀	河南北部、山西南部等地	霍山、杨纡、漳、汾、潞	黍、稷	牛、羊	松、柏	五男三女
并	山西北部、河北北部等地	恒山、昭徐祁、虖池、呕夷、涞、易	黍、稷、菽、麦、稻	马、牛、羊、犬、猪		二男三女

---

[1]卢嘉锡，董恺忱，范楚玉.中国科学技术史：农学卷[M].北京：科学出版社，2000：114.

对比表 4-4 与表 4-3，可以发现《职方氏》对九州的生态环境与相应生物的关系的描述比《禹贡》要详细得多，同时，它们二者对中国九州的命名和划分也有一些区别。不仅有两个州在名称上不同，而且那些名称相同的州在具体的地理范围上也存在差异。《职方氏》记叙了各州的山川、河流、湖泊等自然环境，详细列出了各州所适宜种植的作物、适宜畜养的动物和一些生物特产，并且还叙述了在不同生态环境下各个州的男女性别比例。这是典型的研究生物与环境关系的资料文献。《职方氏》含有生物的生长发育应当与相应的生态环境相适宜的思想，在农业生产上就是因地制宜和因物制宜。即不同生态环境下应该种植不同的农作物、畜养不同的动物；反过来，对于不同的农作物、不同的畜养动物，就应该为它们选择它们各自能适应的生长环境。

《淮南子·墬形训》把天下分为东、南、西、北、中五大区域，对每个区域的生态环境、处于这个生态环境中的人们的体征、适宜的农作物和盛产的动物都做了论述，详见表 4-5 所示。

表 4-5 东、南、西、北、中生态环境与生物的关系

区域及生态环境特点	人们的体征及性情、智商、品行等	适宜的农作物和动物
东方川谷之所注，日月之所出	其人兑形小头，隆鼻大口，鸢肩企行，窍通于目，筋气属焉，苍色主肝，长大早知而不寿	其地宜麦，多虎豹
南方阳气之所积，暑湿居之	其人修形兑上，大口决眦，窍通于耳，血脉属焉，赤色主心，早壮而夭	其地宜稻，多兕象

续表

西方高土，川谷出焉，日月入焉	其人面末偻，修颈印行，窍通于鼻，皮革属焉，白色主肺，勇敢不仁	其地宜黍，多旄犀
北方幽晦不明，天之所闭，寒水之所积	其人翕形短颈，大肩下尻，窍通于阴，骨干属焉，黑色主肾，其人蠢愚，禽兽而寿	其地宜菽，多犬马
中央四达，风气之所通，雨露之所会也	其人大面短颐，美须恶肥，窍通于口，肤肉属焉，黄色主胃，慧圣而好治	其地宜禾，多牛羊及六畜

我国传统社会一直流传着一句名言——"橘生淮南则为橘，生于淮北则为枳"，这其实论述的是生物与地理环境变化的关系，其最早的出处是《周礼·冬官考工记》。《周礼·冬官考工记》[1]记载了著名的生物应当与地理环境相适应的思想，"橘逾淮而北为枳，鹳鹆不逾济，貉逾汶则死，此地气然也"。"橘逾淮而北为枳"一说在后来的《晏子春秋》《淮南子》等书中也有类似的记载。《晏子春秋·内篇杂下》记载晏婴语："橘生淮南则为橘，生于淮北则为枳，叶徒相似，其实味不同。所以然者何？水土异也。"[2]《淮南子·原道训》说："故橘树之江北则化而为枳。"这里是说，南方的橘树移栽到北方，就会变成小灌木，变成枳，强调自然环境对生物的重要影响。从现代植物学看，橘和枳属于同一科，都是芸香科(Rutaceae)植物，但他们属于不同的属。橘(Citrus reticulata Blanco)即柑橘，属于柑橘属；枳(Poncirus trifoliata (L.) Raf.)，通称为"枳橘"，

[1]一般认为《周礼》的《冬官》已亡，汉儒取《考工记》补其缺；但也有学者认为《考工记》就是《周礼》的《冬官》篇，如当今的夏纬瑛先生就这样认为。现在的《周礼》一书内容上一般都包括《考工记》，故此处也把《考工记》算作《周礼》的一部分。

[2]晏婴.晏子春秋译注[M].孙彦林,注译.济南:齐鲁书社,1991:292.

属于枳属。橘和枳实际上是不同的属的植物，他们之间是不能直接转化的。枳是野生植物，适应性强，淮南淮北都有分布；而橘对温度的要求较高，一般只能生长于淮河[1]以南地区，在北方则会被冻死。因此，古人的见解虽有缺陷，但他们对生物与环境关系的重视，以及他们观察研究的结论对社会生产的发展都是很有作用的。

三、生物与水、土、阳光等生态因子的关系

水与土壤对生物的重要性是不言而喻的。《管子·地员》可以说是一篇土壤生态学论文，因为它的中心内容就是论述土壤质地对动植物以及人健康状况的影响。该文首先论述了渎田（夏纬瑛先生认为渎田是江、淮、河、济四渎间的田，即我国北方大平原[2]）上五种土壤——息土、赤垆、黄唐、斥埴、黑埴各自所适宜种植的农作物、所适宜生长的野生植物、水泉的深度以及当地居民的相应体征，这种生态关系可以用下表表示出来。

表 4-6 渎田五土与植物以及人的体征的关系

土壤类型	地下水性状	适宜的农作物	适宜的其他植物	人们体征
息土	水仓	五谷；谷粒厚实	蚖、苍、杜、松、楚棘	呼音中角；民强
赤垆（历强肥）	水白而甘	五谷；麻白，布黄	白茅、藿，赤棠	呼音中商；民寿
黄唐	泉黄而糗	唯宜黍秋	黍秋、茅、櫄、抚、桑	呼音中宫
斥埴	泉咸	大菽、麦	黄、藿，杞	呼音中羽
黑埴	水黑而苦	稻、麦	苹、蓨，白棠	呼音中徵

[1] 秦岭－淮河一线是我国的南方和北方的地理分界线，从气候上讲是亚热带季风气候和温带季风气候的分界线。

[2] 夏纬瑛.管子地员篇校释[M].北京：农业出版社，1981：97.

接着，该文论述了九州的18类土壤（因为书中把每类土壤各记有5种表现形式，故共90种）和每类土壤上适宜种植的农作物，"凡土物九十，其种三十六"（《管子·地员》）。这18类土壤又按优劣状况分属上、中、下三个等级，每个等级各6类，其中对属于上上等土的"五粟""五沃""五位"论述得最详细，论述的内容包括了土壤的颜色、含水特性、适宜种植的农作物、适宜生长的动植物、泉水特性、当地居民的体征等各个方面。对其他土壤，记叙得较简略，以概括土质特性和论述适宜种植的农作物为主，并且都与前面的"上上等三土"进行比较，以区分优劣。九州的18类土壤情况，详见下表。

表 4-7 九州 18 类土壤的生态关系

土壤（等级）	土壤性状	适宜的农作物及生长情况	适宜的其他动植物	人们体征	地力
五粟（上上）	淖而不韧，刚而不觳，不汸车轮，不污手足。干而不垎，湛而不泽，无高下，葆泽以处	大重、细重、白茎、白秀，无不宜也（秫类）	植物：桐、柞、榆、柳、麋、桑、柘、栎、槐、杨、竹、箭、藻、（枣）、龟（楸）、楷、檀、薛荔、白芷、麋芜、椒、连 动物：其泽多鱼，牧则宜牛羊	寡疾难老，士女皆好，其民工巧。其人夷姤	100%

续表

五沃 （上上）	剥态襄土，虫易全处，态剥不白，下乃以泽。干而不斥，湛而不泽，无高下，葆泽以处	大苗、细苗，彤茎黑秀箭长（粟类）	植物：桐、柞、枇、檿、白梓、梅、杏、桃、李、棘、棠、槐、杨、榆、桑、杞、枋、楂、藜、五麻、莲、蘪芜、薰本、白芷 动物：其泽多鱼，牧则宜牛羊	其人坚劲，寡有疥骚，终无痟醒	100%
五位 （上上）	不塌不灰，青枇以苔。无高下，葆泽以处	大苇无，细苇无，赪茎白秀（梁类）	植物：竹、箭、求、枭、楛、檀、茬、斥、桑、松、杞、茸、榆、桃、柳、楝、姜、桔梗、小辛、大蒙、橘、苻、苑、黄蛮、白昌、山藜、苇芒、柞、谷 动物：鸟兽安施，既有麋廌，又且多鹿	其人轻直，省事少食	100%
五隐 （上）	黑土黑苔，青怵以肥，芬然若灰	橘葛，赪茎黄秀慧目，其叶若苑（水稻类）	——	——	80%

续表

五壤（上）	芬然若泽若屯土。忍水旱	大水肠、细水肠，秫茎黄秀以慈。无不宜也（水稻类）	——	——	80%
五浮（上）	捍然如米。以葆泽，不离不圻	忍隐，忍叶如蓳叶，以长狐茸。黄茎、黑茎、黑秀，其粟大，无不宜也（穄类）	——	——	80%
五怘（中）	廪焉如壏，润湿以处。忍水旱	大稷细稷，秫茎黄秀慈。忍水旱，细粟如麻（粟类）	——	——	70%
五纑（中）	强力刚坚	大邯郸、细邯郸。茎叶如扶櫐，其粟大（稻类）	——	——	70%
五壏（中）	芬焉若糠以脆	大荔、细荔，青茎黄秀	——	——	70%
五剽（中）	华然如芬以脆	大秬、细秬，黑茎青秀（黍类）	——	——	60%
五沙（中）	粟焉如屑尘厉	大蕢、细蕢，白茎青秀以蔓（黍类）	——	——	60%

续表

五壏（中）	累然如仆累，不忍水旱	大穄杞、细穄杞、黑茎黑秀（黍类）	——	——	60%
五犹（下）	状如粪	大华、细华。白茎黑秀（黍类）	——	——	50%
五壮（下）	状如鼠肝	青梁，黑茎黑秀（栗类）	——	——	50%
五殖（下）	甚泽以疏，离坼以㙟塯	雁善、黑实，朱跗、黄实（水稻类）	——	——	40%
五觳（下）	娄娄然，不忍水旱	大菽、细菽，多白实（大豆类）	——	——	40%
五凫（下）	坚而不骼	陵稍，黑鹅、马夫（稻类）	——	——	30%
五桀（下）	甚咸以苦，其物为下	白稻、长狭（稻类）	——	——	30%

《淮南子·墬形训》篇论述了气、水、土地性状等环境因素对人性别、健康状况、体力、智力等多方面的影响。虽然有些内容在今天看来也许不正确，但古人的这种探索和研究生物（包括人）与环境关系的精神正是生态学思想的表现和反映。"气""水""土"等生态因子对人的性别、健康、品性等的影响如表4-8所示。

表 4-8 生态因子"气""水""土"的类型对人的影响

"气"或"水"的类型	对人的影响
山气	多男
泽气	多女
障气	多暗
风气	多聋
林气	多癃
木气	多伛
岸下气	多肿
石气	多力
险阻气	多瘿
暑气	多夭
寒气	多寿
谷气	多痹
丘气	多狂
衍气	多仁
陵气	多贪
轻土	多利
清水	音小
浊水	音大
湍水	人轻
迟水	人重
中土	多圣人
坚土	人刚
弱土	人肥
垆土	人大
沙土	人细
息土	人美
耗土	人丑

《淮南子·墬形训》说："土地各以其类生……皆象其气，皆应其

类。""土地各以其类生",王念孙说,这句本应作"土地各以类生人",今本衍"其"字,脱"人"字[1]。用今天的话讲,这句话是说,各种不同类型的土地会产生不同特点的人;(人)的这些特点都与他们所在地的气息类型相吻合,都与他们的生活环境相适应。《淮南子》的作者叙述的表4-8 中的各种生态因子与人的关系,有的是有一定道理的,如"暑气多夭,寒气多寿"等;同样,因为水土的不同对人男女性别出生率有影响也是有一定道理的。不过,这里有些将自然环境因素与人的品格联系起来就有些牵强附会了,如"陵气多贪,轻土好利"等。但是,总的来讲,这里的论述是典型的对生物与环境关系的研究和探讨,体现出了浓厚的生态学思想。

水是生命之源,对生物至关重要。《天工开物》论述了生态因子水与水稻、麦等主要农作物的微妙关系。水是植物生存的基础条件,水量对植物而言有最高、最适和最低 3 个基点。低于最低点,植物萎蔫、死亡;高于最高点,根系缺氧、烂根;只有处于最适范围内,才能维持植物的水分平衡,以保证有最优的生长条件[2]。《天工开物》特别重视水对农作物的作用和影响,论述了水与水稻、麦、绿豆等作物的关系和一些注意事项。《天工开物·稻》记载:"凡稻旬日失水,即愁旱干。夏种冬收之谷,必山间源水不绝之亩,其谷种亦耐久,其土脉亦寒,不催苗也。湖滨之田待夏潦已过,六月方栽者。其秧立夏播种,撒藏高亩之上,以待时也。……旱秧一日无水即死……凡稻旬日失水则死期至。"意思是,水稻缺水十天,便有干旱之虞。夏种冬收的水稻,必须种在山间水源不

[1]刘文典.淮南鸿烈集解[M].冯逸,乔华,点校.北京:中华书局,1989:140-141.
[2]李博.生态学[M].北京:高等教育出版社,2006:34.

断的田里，这种稻生长期长，土温也低，不能催苗速长。靠近湖边的田地，要等到夏季洪水过后，六月才能插秧。育这种秧的稻苗要在立夏时撒播在地势较高的秧田里，以待农时。早稻秧一天没有水就会死掉，水稻失水十天就会死掉。在水稻种植的后期阶段，要注意"泄以防潦，溉以防旱"，则"旬月而'奄观铚刈'"（《天工开物·稻工》），即个把月后就要准备收割了。《天工开物》总结水稻共有八灾，干旱、缺水则为第七灾，是种植水稻需重点防范的灾害之一。《天工开物·稻灾》记载："凡苗自函活以至颖栗，早者食水三斗，晚者食水五斗，失水即枯（将刈之时少水一升，谷数虽存，米粒缩小，入碾、臼中亦多断碎）。此七灾也。"是说，稻苗从返青到结实，早稻每兜约需水三斗，晚稻每兜约需水五斗，缺水就会干枯（将要收割时如果缺少一升水，谷粒数目虽然还在，但米粒缩小，用碾、臼加工时也多会断碎）。这就是第七种灾。

相比水稻对水的高度依赖性，麦对水的需求量较少，它与水是另一种关系。《天工开物·麦灾》中记载："麦性食水甚少，北土中春再沐雨水一升，则秀华成嘉粒矣。荆、扬以南唯患霉雨，倘成熟之时晴干旬日，则仓廪皆盈，不可胜食。扬州谚云：'寸麦不怕尺水'。谓麦初长时，任水灭顶无伤。'尺麦只怕寸水'，谓成熟时寸水软根，倒茎沾泥，则麦粒尽烂于地面也。"意思是，麦子的特性是需水很少，北方在仲春时期下一次透雨，就能开花结成饱满的麦粒了。荆州、扬州以南地区，只怕"梅雨"天。如果在成熟期间连晴十日，就会收获满仓，吃也吃不完。扬州谚语"寸麦不怕尺水"，这是说麦子生长初期不怕水淹灭顶。而"尺麦只怕寸水"，是说麦子成熟时，稍有积水就会将麦根泡软，麦秆倒在田里沾泥，则麦粒也会全烂在地里。

对于栽种绿豆，在生苗以后就要注意防水淹，"防雨水浸，疏沟浍以泄之"（《天工开物·菽》）。水对农作物的影响是决定性的，而我国的主要粮食作物——水稻对水更是依赖，"凡稻防旱借水，独甚五谷"（《天工开物·水利》）。为了解决农业的用水问题，宋应星在第一卷《乃粒》中单独列《水利》篇来叙述，其中记载了筒车、牛车、踏车、拔车、桔槔等水利工具，并且都配有详细的插图，明白易懂。这些工具根据具体的地理状况而用，因势利导，充分利用各种自然规律，省时省力；制作精妙，巧夺天工。

阳光对生物的生长有重要影响，我国先民对此有深刻的认识。《管子·地员》有论述植物与阳光光照的关系。根据现代植物生态学知识，我们知道，各种不同植物对光照强度的需求是不一样，按照对光照强弱的区别，可分为阳性植物、阴性植物和耐荫植物。阳性植物对光要求迫切，只有在足够的光照条件下才正常生长，在荫蔽和弱光条件下生长发育不良；而阴性植物则刚好相反，它们需要生长在适度荫蔽的环境下，不能忍受强烈的阳光直射。耐荫植物对光照具有较广的适应能力，虽然在完全光照下生长最好，但在适度荫蔽的环境下也能生长很好。《地员》的描述则体现出了这种认识，如"五粟之土，若在陵在山，在谷在衍，其阴其阳，尽宜桐柞，莫不秀长"，是说不管在丘陵、山地的阴面还是阳面，都适宜种植桐树和柞树，都能生长良好。又如，"其阴则生之楂藜，其阳则安树之五麻"，是说在山的阴面适合种植楂、梨，阳面则适合五麻。《淮南子》也同样论述了植物栽培时要注意其阴阳属性，要根据植物的阴阳将其种在适合的阳地或阴地。《淮南子·原道训》说："今夫徙树者，失其阴阳之性，则莫不枯槁。"移植树木时，如把阳地植物与阴地植物的属性弄错了则没有不枯死的。阳地植物适宜于生长在阳光充足的地方，而阴地植物则适宜于生长在阳光较弱的地方。这里说的是阳光因子对生物的重要影响。

《齐民要术》不仅论述了植物的阳生、阴生属性，而且论述了通过驯化将阳性植物变成阴性植物的办法。《齐民要术·种桃奈第三十四》介绍樱桃种植技术："二月初，山中取栽，阳中者还种阳地，阴中者还种阴地。若阴阳易地则难生，生亦不实。"据现代科学分析，长期生活在阳光充足环境中的树苗，形成了适应强光环境的形态结构和生理特征，如叶片角质层栅状组织发达，气孔数目多，细胞结构紧密，体积小和蒸腾作用强烈等；长期生长在阴地的树苗则适于光照较弱、荫蔽较强的环境条件，也形成了适于阴地生态环境的生态型。但是，生物对环境是可以做适应性改变，形成不同的生态型的。现代生态学认为，同一个种的植物个体群，由于长期生活在不同的环境中，它们的性状就会随之发生或大或小的改变，这就是趋异适应 (Divergent Adaptation)。植物的趋异适应引起了植物种内的生态分化，形成了不同的生态型。生态型 (Ecotype) 就是植物对特定生境适应所形成的在形态结构、生理生态、遗传特性上有显著差异的个体群 [1]。关于生物对环境的适应，《齐民要术》中已经有了与现代生态学一致的论述，即在一定环境条件下生物为了生存会对自身的生理机能进行适应性调整。例如，花椒原本是性不耐寒的"阳中之树"，但是如果它从小就生长在阴冷的地方，则也会逐渐形成抗寒的特性。《齐民要术·种椒第四十三》记载："此物性不耐寒，阳中之树，冬须裹

---

[1] 姜汉侨，段昌群，杨树华，等．植物生态学 [M]．北京：高等教育出版社，2004：230-231.

草。不裹即死。其生小阴中者，少禀寒气，则不用裹。所谓'习以性成'。一木之性，寒暑异容；若朱、蓝之染，能不易质？故'观邻识士，见友知人'也。"这是一段关于生态型的典型论述。花椒不耐寒，生长在阳地，冬天需要用草包裹，避免冻害；但如果是从小生长在阴寒地区的花椒树，由于环境条件的变化，花椒在不断地与外界的斗争过程中也会增强抗寒能力，形成了耐寒的生态特性，冬天不用草包裹仍能安全越冬，即所谓"习以性成"。他接着又说，树木本性耐寒与否有不同的表现，就像碰到红蓝颜色会染上色一样，性质怎么能不发生变化呢？所以，由邻居和朋友，就可以推断某人的性情。这段话对"习以性成"作了进一步的解释。总的意思在表明：由于环境条件的变化，可以改变某种植物原来的生态习性，出现植物对不同环境条件的趋异适应现象。

我国先民对生物与矿产元素的关系也有一定的认识。我国古代先民重视考察植物生长与矿物贮藏的生态关系，利用不同的植物作指示，根据植物的生长情况来找矿。例如，《荀子·劝学》就说过："玉在山而草木润。"晋代张华《博物志》说："有谷者生玉。"[1] 这里说的是根据土壤植物生长情况，推断玉之所在。梁代成书的《地镜图》，将人们通过对矿藏地表特征的观察和研究推测地下矿藏的经验，作了总结，指出："二月，草木先生下垂者，下有美玉；五月中，草木叶有青厚而无汁，枝下垂者，其地有玉；八月中，草木独有枝叶下垂者，必有美玉；有云，八月后草木死者亦有玉。山有葱，下有银，光隐隐正白。草茎赤秀，下有铅；草茎黄秀，下有铜器。"[2] 唐代的段成式在他的《酉阳杂俎》卷十六中对依

[1]郭金彬.中国传统科学思想史论[M].北京：知识出版社，1993：251.
[2]郭金彬.中国传统科学思想史论[M].北京：知识出版社，1993：251.

据植物找矿也有论述："山上有葱，下有银；山上有薤，下有金；山上有姜，下有铜锡；山有宝玉，木旁枝皆下垂。"[1] 当然，我国古代总结的经验性认识与实际情况不一定完全相符，但所展示的思想方法则是正确的。植物在其生长过程中，通过根系吸收了地下矿床中的成矿元素，由于过量的重金属元素聚集积累在植物体内，对植物的生长发育、生理生化等过程产生一系列的影响，即植物产生了生物地球化学效应，因而，植物的生理、生态及光谱性质表现出异常特征[2]。根据植被的生态、生理生化等特征进行找矿是科学的，即使在现代仍有不少这方面的研究和探索，仍然被作为寻找和发现矿藏的方法之一在应用着。

四、生物与季节变换的关系

我国先民对生物与一年四季变换的关系有十分深刻的认识。春夏秋冬四季变换即四时，是古人心中天时的主要内容，是万物（所有生物）生长都必须遵守的时令规律。《管子·四时》说："不知四时，乃失国之基。"知晓、掌握和遵循四季变换的规律，是一个国家和社会活动的基本要求，否则就会丧失根基。生物在一年中随着季节的变换而呈现出不同的生长发育情况，这是生物生长的一个基本规律。《管子·形势解》说："春者，阳气始上，故万物生。夏者，阳气毕上，故万物长。秋者，阴气始下，故万物收。冬者，阴气毕下，故万物藏。故春夏生长，秋冬收藏，四时之节也。"春生，夏长，秋收，冬藏，这是生物生活的基本规律。我国古人所强调的"顺应天时"，其中一个主要的内容就是顺应和遵循一年四季的变换去干相应的事情，这在传统农业生产领域尤其突出。《吕氏春秋·辩

---

[1] 郭金彬 . 中国传统科学思想史论 [M]. 北京：知识出版社，1993：251.

[2] 马跃良 . 广东省河台金矿生物地球化学特征及遥感找矿意义 [J]. 矿物学报，2000(1):80-86.

土》说：" 所谓今之耕也营而无获者，其早者先时，晚者不及时，寒暑不节，稼乃多灾。" 农作物必须要在合适的时令季节种下去，过早过晚耕种都会让庄稼遭灾而无收获。正因为我国先民对生物与四季变换的关系认识深刻，所以处处强调顺应天时。农业生产领域的三才论 " 顺天时、量地利、用人力"，首先强调的就是对天时的掌握。我国传统社会对自然生物资源的索取也是讲究 " 以时禁发"，在春生夏长的季节禁止砍树伐木和捕捞狩猎野生动物。有关我国先民对生物与时令季节变换关系的详细认识请参阅第三章 " 中华传统生态农业智慧" 的相关内容，那里已经有详细的论述，这里就不再赘述。

五、生物生态位

我国先民对生物生态位也有一定的认识。生态位是生态学上的一个发展中的概念，生态学家皮安卡（Pianka ER，1983）认为一个生物单位的生态位（包括个体、种群或物种生态位）就是该生物单位适应性的总和。世界上不同种类的生物在长期适应环境的演化过程中，形成了不同的生理、生活特性，适宜于不同的生活环境。《淮南子·原道训》说："夫萍树根于水，木树根于土，鸟排虚而飞，兽蹠实而走，蛟龙水居，虎豹山处，天地之性也。" 不同的生物就必须生活于相应的与之相适应的不同生活环境。《淮南子·齐俗训》用举例的形式生动地讲述了这个道理："广厦阔屋，连闼通房，人之所安也，鸟入之而忧。高山险阻，深林丛薄，虎豹之所乐也，人入之而畏。川谷通原，积水重泉，鼋鼍之所便也，人入之而死。咸池、承云、九韶、六英，人之所乐也，鸟兽闻之而惊。深溪峭岸，峻木寻枝，猿狖之所乐也，人上之而慄。形殊性诡，所以为乐者乃所以为哀，所以为安者乃所以为危也。乃至天地之所覆载，日月之所照忌，使各便其性，安其居，处其宜，为其能。"这里的例子举得生动形象：高大宽敞的房子是人安适的住所，鸟进来就会不安；高山险阻，丛草密林，是虎豹的乐园，人进去就会恐惧；大川深谷，湖泽深渊，是鼋鼍适宜的场所，人进去就会死亡；《咸池》《承云》《九韶》《六英》是人们喜爱的音乐，鸟兽听了就会惊恐；深溪峭岸，高树大枝，是猿猴的乐土，人上去了就会浑身战栗。生物种类不同，习性相差很大，各种生物应该"便其性，安其居，处其宜，为其能"，即根据生物自己的特性找到适宜居住的地方，处于适宜的环境中，做能够做的事。对生物生态位的正确认识，即动物植物只有生活在他们适宜的环境中才能良好生长，是我国传统生态学里物宜理论的基础。因物制宜，即把农作物种植在合适的土地上，是我国传统生态农业的基本要求之一，详见第三章"中华传统生态农业智慧"的有关论述。

六、生物的适应性演化

生物对环境的适应性演化，我国先民也有较深刻的认识。前面讨论的《齐民要术》记载的将阳性植物从小栽种在阴冷的地方让它逐渐适应阴寒气候，变得耐寒，就是生物适应性演化的例子。《管子·地员》讨论的不同土壤上生活的人们具有不同的身体特征，也是人这个物种对环境的适应性演化。《淮南子·墬形训》也是如此，叙述了气、水、土地性状等环境因素对人性别、健康状况、体力、智力等多方面的影响；还把天下分成 5 大区域，每个区域有不同的生态环境，生活在其中的人们有不同的体征、智商和品行，这些都可以说是人在不同生态环境中的适应性演化出现的特征。详细内容见本节前面的有关论述。生物的适应性演化，既是人们驯化野生动植物的依据，也是人们根据不同的生态环境特色针对性地改善饮食起居从而保持身体健康的依据。

第二节 生物与生物因素的关系

生态学研究的对象可以是个体、种群、群落等，与所研究对象的生活相关的非生物因素和生物因素统称生态环境。一般来说，生态环境除了前文的非生物因素外，还包含生物因素。生物因素对生物生活的影响，我国先民也有比较深刻的认识。生物与生物因素的关系，可以划分为种内关系、种间关系两大类。我国古代社会没有专门研究生态学的学术著作，这些有关生物种内、种间关系的见解大部分蕴含在传统农学著作中。

一、生物种内关系

同种生物之间存在竞争、互利共生等，我国先民在农业生产中对这些科学原理不仅有深刻的认识，而且已经将其应用到生产实践中。植物种群内个体的竞争主要表现为密度效应，植物的密度效应有两个规律。第一个规律是"最后产量恒定法则"，不管初始播种密度如何，在一定范围内，当条件相同时，植物的最后产量差不多总是一样的。因为在高密度情况下，植株之间对光、水、营养物等资源的竞争十分激烈。资源有限时，植株的生产率降低，个体变小。第二个规律是"-3/2 自疏法则"，种内竞争不仅影响生物生长发育的速度，也影响其存活率，在植物和固着性动物如藤壶和贻贝中都存在这种现象，自疏导致密度与生物个体大小之间的关系在对数图上具有典型的 -3/2 斜率。这两个规律用在农业生产上，就是要根据实际情况合理密植，使植株的密度刚好达到土地的最大产能，过稀或过密都不利于农业生产。

我国古代农书显示对生态学的生物种内竞争导致的密度效应有深刻

的理解。《吕氏春秋·辩土》论述了合理密植思想，既不主张种得过密，也不主张种得过疏，"慎其种，勿使数，亦无使疏"。《吕氏春秋》的作者在实践观察的基础上，叙述了庄稼种得过疏和过密的害处。种得过密是"三盗"之一，"既种而无行，耕而不长，则苗相窃也"；又，过疏或过密都不好，"树肥无使扶疏，树墝不欲专生而族居。肥而扶疏则多秕，墝而专居则多死"。那么怎样才能做到合理密植呢？庄稼的密植程度除了跟土壤的肥力有关系外，还有其种植的规则，《吕氏春秋》就叙述了庄稼所应该种植密度的一般规则，"是以六尺之耜，所以成亩也；其博八寸，所以成圳也；耨柄尺，此其度也；其博六寸，所以间稼也"。其他的传统农书也都强调要合理密植，以使农业生产效能最大。比如，《齐民要术》就明确论述了农作物只有在合理密植的情况下才能得到好收成，种得过密或者过稀都会影响农作物的产量。《齐民要术·种谷第三》云："良田率一尺留一科"，又"谚云'回车倒马，掷衣不下，皆十石而收'言大稀大概之收，皆均平也。"良田留苗的标准是，相距一尺留一窠。农谚说："苗稀得可回车倒马，或苗密得可以撑住衣服不落下去，都只能收十石。"这个谚语意思是说，种得过稀或种得过密，其收成都是一样不好的。我国传统著名农书比如《齐民要术》《氾胜之书》《陈旉农书》等对于各种农作物因地制宜合理密植的程度都有定量的论述，详见第三章有关内容。

　　我国先民对庄稼在不同生长时期的种内竞争、互利共生有辩证的认识。《吕氏春秋》认为，禾苗小的时候应该独生为好，以便获得充足的养分；长起来后就应当互相扶持，所以三株一簇产量高。《吕氏春秋·辩土》："苗，其弱也欲孤，其长也欲相与居，其熟也欲相扶。是故三以为族，乃多粟。"

二、生物种间关系

生态学上的生物种间关系包括竞争、捕食、互利共生等。我国先民对生物间的种间关系有深刻的认识，并加以利用和运用到农业生产上，以提高产量。在种植业中经常会碰到农作物被杂草竞争和害虫啮食的情况，这就需要我们注意防治其他生物对农作物的侵害。我国先民对此认识深刻，早在春秋时期的管子就说过，"草茅弗去，则害禾谷"（《管子·明法解》）。此后的《吕氏春秋·辩土》也叙述了为农作物除去杂草，要给其除去竞争对手。如果不注意给作物除草，地里的杂草就会成为严重影响庄稼生长的"三盗"之一，"弗除则芜，除之则虚，则草窃之也"。还有要通过对田地的精耕细作来减少杂草和害虫，"五耕五耨，必审以尽。其深殖之度，阴土必得。大草不生，又无螟蜮"（《吕氏春秋·任地》）。我国的传统农书都很注重为农作物除去杂草，以保证和促进作物苗壮生长。比如，《齐民要术·种谷第三》引用《盐铁论》的话对杂草与农作物的竞争关系进行了总体理论概括，即"惜草茅者耗禾稼"，爱惜杂草，就会损耗庄稼。《齐民要术》较详细地论述了各种不同作物的除草办法，例如，它引用氾胜之的方法提出在耕田时就把杂草消灭，"慎无旱耕。须草生，至可耕时，有雨即耕，土相亲，苗独生，草秽烂，皆成良田"（《齐民要术·耕田第一》）。强调为农作物除去杂草等竞争对手，甚至在除草时将其沤烂陈肥，是我国传统生态农业的一贯做法。有关我国传统生态农业如何注重给农作物除去竞争对手从而保障禾苗生长的具体做法，详见第三章"中华传统生态农业智慧"的相关内容。

我国先民对物种间的互利共生和偏利共生也有深刻的认识，并将这些知识应用到了农业生产中以提高收成。豆科植物大多具有生物固氮功能，其根与土壤中的根瘤菌共生，促进根瘤菌大量繁殖，从而将空气中的氮元素固定到土壤中成为植物的宝贵肥料。我国先民认识到了豆科植物的这种肥田作用，将其种植做绿肥或者将作物与豆科植物轮种、套种等提高产量。《齐民要术·耕田第一》："凡美田之法，绿豆为上，小豆、胡麻次之。悉皆五、六月中穭种，七月、八月犁稀杀之，为春谷田，则亩收十石，其美与蚕矢、熟粪同。"这是种豆科植物作肥料。还有将豆科植物与其他作物套种，例如，种桑树，则"其下常斸掘种绿豆、小豆。二豆良美，润泽益桑"（《齐民要术·种桑、柘第四十五》）。桑树下种些绿豆、小豆，这两种豆本身既是好农作物，又能提供肥料（根瘤菌固氮）滋润土地，利于桑树生长。我国先民综合考虑各个作物间的种内、种间关系，制作了合适的轮作、间作套种手册，有关详细论述见第三章"中华传统生态农业智慧"的相关内容。

对于不同物种间的捕食作用，我国先民也有深刻的认识，并将其用于农业的防虫治虫，以提高产量。西周时期《诗经·小雅·小宛》说："螟蛉有子，果赢负之。"螟蛉如果生有小幼虫，细腰蜂就会把它背到自己的窝里，然后细腰蜂会把螟蛉幼虫蜇刺麻醉后贮于巢室内，以供细腰蜂自己的幼虫孵化后食用。东汉王充论述了生物不同物种间的相生相克现象，"诸物相贼相利。含血之虫相胜服、相啮噬、相啖食"（《论衡·物势篇》）。到了晋代，人们在柑橘树上养黄猄蚁来防治橘树的害虫，即用害虫的天敌来防虫治虫。有关我国传统生态农业利用害虫天敌开展生物防虫治虫的做法，详见第三章"中华传统生态农业智慧"相关内容。

三、他感作用

他感作用指一种植物通过向体外分泌代谢过程中的化学物质，对其他植物产生直接或间接的影响。这是一种特殊的生存斗争，种内、种间关系中都有此现象。他感作用在农林业生产上则表现为歇地现象，即要求一些农作物必须与其他的农作物轮作，不能连作，否则就会降低产量。例如早稻就不宜连作，它的根系分泌的对－羟基肉桂酸对早稻幼苗起强烈的抑制作用，连作则长势不好。我国先民对植物间的他感作用有深刻的认识。例如，北魏著名农学家贾思勰说，"谷田必须岁易"，否则"**飙子则莠多而收薄矣**"（《齐民要术·种谷第三》）；种水稻，"稻，无所缘，唯岁易为良"，否则"既非岁易，草稗具生，芟亦不死"（《齐民要术·水稻十一》）；种麻，则"麻欲得良田，不用故墟。故墟亦良，有点叶夭折之患，不任作布也"（《齐民要术·种麻第八》）。为了提高农作物的产量，为了让农田持续保持较高的生产率，贾思勰根据各种农作物的种内、种间关系，以作物间的互惠互利为原则，提出了轮作方法。有关传统生态农业的轮作详见第三章有关内容。

第三节　生态系统思想

我国先民不仅对生物个体与环境的关系、物种与环境的关系、种内关系、种间关系有深刻的认识，还对生态系统的构成、组建、调节有自己的独到见解。下面我们从"三才论"生态系统思想、物质循环与能量流动等方面来讨论。

一、"三才论"生态系统思想

"三才论"是我国古人提出的具有中国特色的生态系统思想，它把天、地、人和自然万物看作一个统一的生态系统。要求我们人类在遵循天道（自然规律）的前提下，管理自然万物，保护生态环境，使人与自然和谐共生，共同繁荣发展。"三才论"视域下的世界图景，与我们今天生态学上的世界图景显示出类似和一致性。比如现代生态系统生态学就认为整个地球生物圈是一个生态系统，生活在里面的所有生物都是命运相关和休戚与共的。再比如，当代著名的盖亚假说（Gaia hypothesis）更是认为，地球是一个具有自我调节功能的生命有机体，地球上适宜生物生存的生态环境正是地球上所有生物齐心协力共同"创造"出来的，而反过来生态环境又影响生物的演化；具有理性和智慧的人类在"盖亚"里的作用或许类似于人的大脑和神经系统。

早在春秋时期管子就论述了"三才论"生态系统思想，"顺天之时，约地之宜，忠人之和，故风雨时，五谷实，草木美多，六畜蕃息，国富兵强"（《管子·禁藏》）。这里将"天、地、人"有机和谐统一应用到了治国理政层面，人与自然和谐共生，才会财富众多，国富兵强。战国时《吕氏春秋·审时》完整提出了中华传统生态农业的"三才论"生态系统思想："夫稼，为之者人也，生之者地也，养之者天也。"这里的"天""地""人"就是"三才论"中的"三才"。更明确地讲，"三才"指的是天时、地利、人力或人和，在农业上，"天"指天气、自然规律等；"时"指时间性、季节等；"地利"指农业生产中田地的土壤状况等；"人力"指人对农作物的管理、耕作等。我国是一个几千年的传统农业古国，农业生产是立国之本，古人常将农业称为"本业"，工商业称为"末业"，不干农业干工商业就是"舍本逐末"，在古代社会会被轻视。"三才论"生态系统思想产生于传统农业生产实践，随后影响了全社会，不仅是后面中国传统农业一直以来的指导思想，而且还是中华传统"天人合一"生态世界观的源头。

　　"三才论"生态系统思想是中国传统农业的指导思想。农业生态系统 (agroecosystem) 是指在人类的积极参与下，利用农业生物和非生物环境之间以及农业生物种群之间的相互关系，通过合理的生态结构和高效生态机能，进行能量转化和物质循环，并按人类社会需要进行物质生产的综合体[1]。它是一种被人类驯化了的生态系统，与纯自然的生态系统是有区别的，它除了受自然生态规律的制约外，还受人的调控。发展农业，要以整体的、系统的观念为依据，辩证地处理好人、农作物、环境之间的关系，建立合理、高效的农业生态系统。"人是农田生态系统的核心"，因为"人类既是农田生态系统的组成成分，又是系统的主要调控者"[2]。农业生态系统是在人的管理、干预和调解下形成的，必须要人力持续不断地参与才能维持。我国古人对此有深刻的认识，传统生态农业的指导思想"三才论"突出体现了农业生态系统的这种特征。"三才论"生态系统思想把"天、地、人"（即自然与人）看作一个有机统一的整体，辩证地处理人与自然的关系；要求服从客观规律，但并不要求消极等待。即，一方面强调农业生产要按自然生态规律进行，"顺天时、量地利"（《齐民要术·种谷第三》）；另一方面又强调发挥人的主观能动性，对肥料、天时、地利、水、阳光以及作物本身特性等诸多生态因子进行有机统一地把握和调控，创造出最适合农作物的生态环境，实现农业生产的可持续发展。我国传统农业在"三才论"生态系统思想的指引下，朝着生态农业的方向发展，到封建社会末期的明清时期已经发展形成多种成熟的生态农业模式。有关在"三才论"指导下的传统生态农业耕作运行和发

[1] 陈阜. 农业生态学 [M]. 北京：中国农业大学出版社，2002：19.
[2] 路明. 现代生态农业 [M]. 北京：中国农业出版社，2002：扉页.

展情况，详见第三章"中华传统生态农业智慧"的相关内容。

"三才论"生态系统思想是我国古代"天人合一"生态世界观的源头。"三才论"生态系统思想要求"天、地、人"有机统一，只有这样才能种好田地，让农作物丰收。在这样的社会实践的长期影响下，我国传统社会逐渐形成了根深蒂固的"天人合一"生态世界观；而反过来"天人合一"生态世界观又从各个方面促进了我国传统社会人与自然的和谐共生、共同繁荣。有关"天人合一"生态世界观的详细论述见第一章"中华传统生态世界观"的相关内容。

二、物质循环与能量流动

物质循环和能量流动是生态系统的两大基本功能。我国先民对生态系统中的物质循环和能量流动有相当的认识，并将其用于农业生产中，以提高生产效率。北魏著名农书《齐民要术》就详细记载了农业生态系统中的物质循环利用，把各种农业废弃物如秸秆、壳秕等经牛践踏，堆聚沤肥处理后转变为肥料，返施于田中；使这些废物资源化、变废为宝。这就是著名的踏粪法：

> 其踏粪法：凡人家秋收治田后，场上所有穰、谷稬等，并须收贮一处。每日布牛脚下，三寸厚；每平旦收聚堆积之；还依前布之，经宿即堆聚。计经冬一具牛，踏成三十车粪。至十二月、正月之间，即载粪粪地。计小亩亩别用五车，计粪得六亩。均摊，耕，盖着，未须转起。（《齐民要术·杂说》）

意思是说，秋收以后，把田场上所有遗散的稿秆、残叶、谷壳等经牛践踏后堆聚沤肥，到十二月、正月间再把沤好的肥料施于农田中。这一做法充分体现了对生态系统物质循环的理解，并且已经应用于农业生产。农作物的秸秆、残叶谷壳等废弃物本身含有从田地吸收来的氮、磷、钾等植物生长所必需的营养元素，如果任意将这些杂物丢弃，则会逐步削弱农田的肥力。而"踏粪法"就是把这些营养物质重新返回农田，最大限度地保持农田的肥力，实现农田的持续生产。另外，这种施肥方法还增加了农田的有机肥料。这种做法既肥沃了田地，保持了地力的"常新壮"，又减少了环境污染，保护了生态环境，可谓一举两得。对于营养物质的循环利用，是我国传统生态农业的一贯做法，其他的著名农书比如《氾胜之书》《陈旉农书》《补农书》等都有记载和论述。

　　能量流动伴随着物质循环而进行。我国先民对生态系统中伴随物质循环的能量流动也有较深的认识，在传统生态农业模式已经有了实际应用。比如图 3-3 所示的"养猪－农田"生态农业模式中，就有对农作物初级生产所固定能量的二次提取，提高农产品的利用率。猪主要吃的是豆饼、糟麦，当然还会有剩菜剩饭等不适合人食用的粮食。《补农书·运田地法》说："猪专吃糟麦，则烧酒又获赢息。"农家酿酒当然主产品烧酒是获利的，剩下的食物残渣——酒糟还可以喂猪，经过猪的消化利用后转变为美味的猪肉以及可以肥田的猪粪尿等。这里用酒糟来养猪，就是对农作物能量的二次利用。我国先民根据自己对人与自然关系的认知，设计构建了多种传统生态农业模式，详情见第三章"中华传统生态农业智慧"的有关内容。

第五章 中华传统生态环境保护智慧

　　勤劳智慧的中华先民在与自然长期打交道的过程中，自发地提出、形成和践行了要求人与自然和谐共生的生态世界观，而且这种生态世界观是刻在中华传统文化骨髓里的基因，代代相传并不断与时俱进和发展丰富。因此，人与自然和谐发展的生态世界观在传统社会的政治、经济、文化、社会等各个方面是全方位的原生有机融入。中国传统社会还制定了一系列的法令制度来保护生态环境，使得人与自然和谐发展成为了我们这个国家和民族共同的目标追求。

第一节　生态世界观有机融入社会各领域

　　中国传统社会的主流世界观都认为人与自然万物同出一源，人类一产生就肩负着保护自然万物，且与自然万物和谐共生的历史责任。中国传统社会的世界观本身就包含了人与自然界共生共荣、和谐发展的内容，因此可以说我国传统社会的世界观是要求人与自然和谐共生的生态世界观。有了世界观对"天人合一"生态思想的原生包含，人与自然和谐共生理念便理所当然地有机融入传统社会的经济、政治、文化、社会等各个领域，整个传统社会的生态环境保护也就能自然而然地蔚然成风了。

一、世界观原生包含人与自然和谐共生

人与自然万物同出一脉，人类天然承担着保护自然，与自然和谐共生的职责。在对世界本源和人与自然万物起源的探讨中，中国传统社会世界观认为人与自然同出一源，原本就应该和谐共生。

首先，我们来看道家世界观对人与自然和谐共生的原生包含。"道"是世界的本源，道统摄万物，人们必须依道行事，而依道行事就意味着要保护自然万物，与自然和谐共生、和谐发展。道家认为"道"是世界的本源，是天地万物之母，包括人在内的所有事物都是由道演化而来。道家创始人老子说："道生一，一生二，二生三，三生万物。"（《老子·四十二章》）道家的集大成和主要发扬者庄子则认为，道是万物之源，道产生了天地，然后天地产生了包括人类在内的自然万物。庄子说，"夫道有情、有信，无为、无形……生天生地"（《庄子·大宗师》）；他还说，"天地者，万物之父母也"（《庄子·达生》）。"道"不仅产生天地万物，同时也养育天地万物，世界上没有一件事不是他所为的，"道常无为，而无不为"（《老子·三十七章》）。得道的人和事物莫不兴旺昌盛；反之，失道的人和事物莫不死亡衰败，"道者，万物之所由也。庶物，失之者死，得之者生；为事，逆之则败，顺之则成"（《庄子·渔父》）。因为"道"是宇宙世界的本源，产生、养育和统摄天地万物，所以，道家要求人们按照"道"来行事。老子说："道常无为，而无不为，侯王若能守之，万物将自化。"《老子·三十七章》）即，道永远是自然无为的，然而没有一件事不是它所为；王侯若能持守它，万物就会自生自长。庄子则认为，人与天是一样的，因为人的存在是天然的表现，天的存在也是天然的表现；人不能支配天，这是本质属性决定的；只有圣人才能安然地顺着自然的变化而变化。"有人，天也；有天，亦天也。人之不能有天，性也。圣人宴然，体逝而终矣"（《庄子·山木》）。人类是天地万物这个有机整体中的一部分，与天地万物相比，就好像大山中的小石头、小树木；也好像马身体上众多毫末中的一根。《庄子·秋水》说："吾在天地之间，犹小石小木之在大山也。"又说："号物之数谓之万，人处一焉；人卒九州，谷食之所生，舟车之所通，人处一焉。此其比万物也，不似豪末之在于马体乎？"因此，万物都是互相蕴含转化的，不管怎么样，他们都是一个统一的整体。《庄子·齐物论》说："万物尽然，而以是相蕴。"《庄子·大宗师》说："故其好之也一，其弗好之也一；其一也一，其不一也一。其一与天为徒，其不一与人为徒。"天与人是合一的，不管人喜好或不喜好，都是合一的；也不管人认为合一或不合一，它们都是合一的。认为合一的就和自然同类，认为不合一的就和人同类。道家老庄学派从"道"出发，以自己独特的哲学理论演绎推导出了要求人与自然和谐发展的"天人合一"思想。

在道家看来，人是天地万物这个有机整体中的一部分；而正因为人和天地万物是一体的，所以庄子要求人们遵循自然规律，顺应自然，要自然而然。庄子强调要以自然的方式来融合到自然，"不开人之天，而开天之天"（《庄子·达生》）。《庄子·大宗师》说："不以心捐道，不以人助天，是之谓真人"；又"天与人不相胜也，是之谓真人"。即，不要用自己的想法去损伤大道，不要用人的作为去帮助天；人与天不是互相对立的。人类要顺应自然，做到自然无为，还因为天下的万事万物都有自己的"常然"，人若是有所为地去改变，反而会损害事物的自然之本性。万物有"常"，都依循自己的客观规律生长变化，没有人的干预他们才能正常运转，即所谓"天不产而万物化，地不长而万物育，帝王无为而天下功"（《庄子·天道》）。又"天地有大美而不言，四时有明法而不议，万物有成理而不说。圣人者，原天地之美而达万物之理也。是故至人无为，大圣不作，观于天地之谓也"（《庄子·知北游》），都是在论述这个道理。

其次，我们再来看儒家世界观对人与自然和谐共生的原生囊括。儒家的世界观图景与道家的表述虽有差异，但同样认为人与自然万物同出一源。天具有最高的地位，是包括人在内的万事万物之源，世界上的人和所有其他事物都是由天所生。儒家创始人孔子就曾说："天何言哉？四时行焉，百物生焉，天何言哉？"（《论语·阳货》）。汉代大儒董仲舒明确阐述了儒家的世界观图景：天是最高的神，世间万物（包括人）都是由上天创造和养育的。天产生和养育万物，且天无私平等地对待他们。《春秋繁露·郊语》说："天者，百神之大君也。"《汉书·董仲舒传》记载董仲舒的话："天者群物之祖也，故遍覆包函而无所殊，建日月风雨以和之，经阴阳寒暑以寒之。"又，《春秋繁露·王道通三》曰："天覆育万物，既化而生之，有养而成之，事功无已，终而复始。"再又，《春秋繁露·顺命》曰："父者，子之天也；天者，父之天也。无天而生，未之有也。天者，万物之祖，万物非天不生。"再又，《春秋繁露·观德》曰："天地者，万物之本，先祖之所出。"万物是由天所产生，人也一样，也是由天所产生的。《春秋繁露·为人者天》说："为生不能为人，为人者天也。人之为人本于天，天亦人之曾祖父也，此人之所以乃上类天也。"宋代大儒朱熹同样论述了人与自然万物同源，最终都是由"天"产生的世界观。在朱熹看来，人与自然万物一样，都是由"天地"所生，人与自然万物同源于天地之"气"。世间最早存在的是天，天产生地，天地交感后生出人和万事万物。

朱熹说："先有天，方有地，有天地交感，方始生出人物来。"（《朱子语类·卷四十五》）他还说："天地之间，二气只管运转，不知不觉生出一个人，不知不觉又生出一个物。即他这个斡转，便是生物时节。"（《朱子语类·卷九十八》）人与自然万物是同根同源的，而且关于这个同源性，朱子还有更明确的论述，他说："人、物之生，同得天地之理以为性，同得天地之气以为形。"（《四书章句集注·孟子集注·离娄下》）

可见，在儒家看来，人和万事万物都来源于天，都是由天所生。知天畏命，追求天人合一是儒家一直以来的理想目标。"天"有多种解释，但儒家的"天"大体上看主要有两种含义，一种是"义理之天"，另一种即是"自然之天"。体现生态思想的"天"是后一种意思，"天"即是自然界和自然界的规律、法则。"天人合一"的含义是：人是自然界的一部分，人与自然应该和谐统一；在处理人与自然关系时，要追求和谐统一，因为只有做到人与自然的和谐统一，才能达到人类生存和发展的理想境界。子曰："天何言哉！四时行焉，百物生焉，天何言哉？"（《论语·阳货》）。这里的"天"就是自然之天。孔子提倡人们办事要符合自然规则，要顺"天"，要"畏天命"（《论语·季氏》）和"唯天为大"（《论语·泰伯》）。《周易》是儒家的六经之首，《周易·文言》曰："夫大人者，与天地合其德，与日月合其明，与四时合其序。"同时《周易》也肯定人的主动性，要掌握天地运行规律，辅助其良性发展，如"裁成天地之道，辅相天地之宜"（《周易·象》）。儒家之中比较强调人的主动性的代表是荀子，他在《荀子·天论》中说，"天行有常，不为尧存，不为桀亡"；但是人如果在"明于天人之分"，"不与天争职"，遵守自然规律（"官人守天，而自为守道也"）的前提下，"制天命而用之"，"应时而使之"，就能够为人类谋福利（"序四时，裁万物，兼利天下"[《荀子·王制》])。他认为人和天地万物应当和谐存在,"万物各得其和以生,各得其养以成"(《荀子·天论》)。到了汉代,这种追求天人合一的思想得到了进一步发展,大儒董仲舒明确提出了"天人之际,合而为一"(《春秋繁露·深察名号》),指出人与自然是一个有机的整体,"天地人,万物之本也。天生之,地养之,人成之","三者相为手足,合以成体,不可一无也"(《春秋繁露·立元神》)。正式提出"天人合一"这一名称的是宋代的张载,他在《正蒙·乾称》中说"儒者则因明致诚,因诚致明,故天人合一"。不过他这里讲的是个人修为达到的境界。到了明清之际,王夫之说:"夫《易》,天人之合用也。天成乎天,地成乎地,人成乎人,不相易者也。天之所以天,地之所以地,人之所以人,不相离者也。"[1]这里充分体现了人与自然和谐共生的生态世界观,把天、地、人三者看作是一个不可分割的有机和谐整体。

总之,不论是道家还是儒家,尽管他们对世间人与万事万物的生成图景的描述有差异,但是他们的世界观里都原生包含着"人与自然和谐共生"的生态观念,可谓生态上的殊途同归。儒家思想是几千年中国传统社会思想的正统,而道家则是最主要的补充和辅助,二者共同构成中华传统思想的主流。也就是说,中国传统社会的主流世界观原生要求人与自然和谐共生、人与自然和谐发展。在这样的世界观的影响下,人与自然和谐共生的生态观就有机融入了中国传统社会的经济、政治、文化、社会等各个领域。

二、生态观有机融入经济、政治、文化、社会等各领域

人与自然和谐共生的生态世界观有机融入了中国传统社会的经济、

[1]陈玉森,陈宪猷.周易外传镜诠[M].北京:中华书局,2000:631.

政治、文化、社会等各个领域，每当人与自然进行交往时，中华传统生态智慧便指引人们走向人与自然和谐发展之路。我们从经济、政治、文化、社会等几个方面对中国传统社会保护生态环境的智慧来进行考察和分析。

人与自然和谐共生的生态世界观有机融入传统社会的经济生产领域，无论是农业生产还是对自然资源的索取，处处展现着人与自然共繁荣、人与自然和谐发展的理念和要求。中国传统社会的经济生产主要包括农业生产和对各种自然资源的索取利用。首先，中国传统农业生产讲究人与自然和谐发展，是生态农业。中国的传统农业以"三才论"为指导，将天、地、人三者看作一个有机统一的生态系统，三者的密切配合才能保证农业的增产丰收。《吕氏春秋·审时》说："夫稼，为之者人也，生之者地也，养之者天也。"这里的"天""地""人"就是"三才论"中的"三才"。更明确地讲，"三才"指的是天时、地利、人力或人和。在农业上，"天"指天气、自然规律等，"时"指时间性、季节等；"地利"指农业生产中田地的土壤状况；"人力"指人对农作物的管理、耕作。"三才论"本质上就是一种生态系统思想，"人力"是与"天时""地利"并重的三大要素之一，要求人与自然和谐发展，辩证地处理与人与自然的关系。"三才论"把农作物、天、地、人等各种因素看作一个有机统一的整体，对人的要求是一方面遵守各种自然规律，"顺天时，量地利"；另一方面要求人积极主动地掌握各种自然规律，"中用人力"，对天时、地利、水等诸多生态因子进行有机统一地把握和调控，培育优良品种，改善土壤肥力，提高农业生产率，保护农业生态环境等，以调控好整个农业生态系统，实现农业生产的可持续发展。在"三才论"的指导下，我国传统农业后期真正实现了多种模式的生态农业，详情见第三章"中华传统生态农业智慧"的有关内容。其次，中国传统社会对自然资源的索取讲究人与自然和谐共生，要求适度取物、以时取物、物尽其用、可持续发展。孔子就明确主张适度取物，对自然资源的索取不能破坏生态系统的完整，要能可持续发展。《论语·述而》记载："子钓而不纲，弋不射宿。"孔子钓鱼但不用网捕鱼，虽然射鸟但不射杀宿巢的鸟。因为用网捕鱼会"一网打尽"，大鱼小鱼都会被捕；而射杀窝中的鸟则会损伤鸟巢，大鸟小鸟都被打尽。而且对自然资源的索取，必须要按照时令规律进行，在合适的季节才能采集。《礼记·祭义》记载："曾子曰：'树木以时伐焉，禽兽以时杀焉。'夫子曰：'断一树，杀一兽，不以其时，非孝也。'"我们对自然资源的索取必须要考虑将来，要将子孙后代千秋万载的可持续发展与当前的生活需要综合起来平衡考虑。《吕氏春秋·义赏》鲜明地表达了对自然资源的可持续利用思想，"竭泽而渔，岂不获得？而明年无鱼；焚薮而田，岂不获得？而明年无兽"。

人与自然和谐共生的生态世界观有机融入了中国传统社会的政治。它对政治的融入体现在传统社会出现了以人与自然和谐共生、共同繁荣发展为目标的保护生态环境的法令制度，传统社会有专门的政府职能部门保护生态环境，以便让人与社会有良好的生存、生活和发展的条件。先秦时期的《荀子·王制》说："王者之法……山林泽梁，以时禁发而不税。"西汉的《淮南子·主术训》也说："故先王之法，畋不掩群，不取麛夭，不涸泽而渔，不焚林而猎。"可见，传统社会的生态环境保护法令制度就是要从外部以强制的形式保证以时取物、取物不尽物，或者说这些是以时禁发、保障可持续发展的法令制度。中国传统社会的保护生态环境的法令制度，我们放到本章第二节详细讨论。

　　人与自然和谐共生的生态世界观有机融入了文化与社会。中国传统社会以儒家文化为正统，儒家经典是古时读书人的教科书。古时书生熟读儒家的四书五经后就去参加科举考试，考得功名后又用所学的儒家思想管理社会。所以儒家的"天人合一"生态世界观也就成了传统社会文化的不可或缺的重要组成部分，人与自然和谐共生的"天人合一"自然就成了目标和追求。儒家以人为本和谐生态伦理观是传统社会处理人与自然关系的基本遵循。孟子说："君子之于物也，爱之而弗仁；于民也，仁之而弗亲。亲亲而仁民，仁民而爱物"（《孟子·尽心上》）。宋代大儒朱熹解释，"物"为"禽兽草木"；"爱"为"取之有时，用之有节"。简言之，就是著名的"仁民爱物"生态伦理思想。有关传统社会以人为本和谐生态伦理观的详细论述见第二章第二节的相关内容。节俭、适度消费的生态消费观是儒家和道家所共同主张和倡导的，尽管两家的理论出发点和内容不一样，但对生活资料消费的主张却是殊途同归，得出了一致的结论。我国传统社会以儒家为正统，以道家为辅，全社会的消费习惯和消费文化自然就会以节俭、适度消费的生态消费观作为基本遵循。有关节俭、适度消费的生态消费观的详细内容见第二章第二节相关部分。

第二节　用法令制度保护生态环境

　　传统生态世界观、绿色生活文化等给人们的是内在约束，让人们自觉地保护生态环境，维护人与自然和谐共生。但是，光有这种内在的观念约束还不够，总会有个别人为了一时利益违反这种观念上的约束甚或是根本不在乎社会的主流观念而进行破坏式资源开采。一旦开了这样的口子就会有人跟风，不但会造成生态资源被破坏而衰竭，对于那些遵守以时取物、取物不尽物的民众来讲也极不公平。这就需要外在的强制性约束力量来保证全民都按照自然界的规律来合理取物，才能确保人与自然的和谐发展。我国传统社会的情况就正是如此，不仅有"天人合一"生态世界观、以人为本和谐生态伦理观的内化于心，引导人们正确生态实践，而且还有一系列强制性法令制度规范人们与大自然打交道的行为，从内外两方面确保了人与自然的和谐共生、共同繁荣发展。

一、适度取物、以时禁发的环保法令制度

生态系统中的虫鱼鸟兽、花草树木等都是可再生资源（renewable resources）。对可再生资源的索取要遵循自然规律，索取的最大量应该以不影响它后续的繁衍壮大为度，而且要在收获的季节去索取才能获得最多的自然资源。这样正确地开采利用可再生自然资源，才能取之不尽用之不竭。对于自然资源的利用，中国传统社会表现为适度索取，保护自然，以实现人类社会的可持续发展。什么是适度索取呢？就是对自然资源的开采利用程度要在该生态系统可承受的范围内，对某种资源的最大索取量要以不影响该种资源的再生发展为限，使可再生资源可以年年被索取，永续被利用。从实际利用自然界的可再生资源的具体部分看，适度索取还体现在主要取用已经长成的鸟鱼虫兽、花草树木等，对处于孕育阶段以及处于幼年发育阶段的自然资源则予以保护，并且还要想办法帮助其繁殖成长。中国传统生态思想中的这种适度索取要求表现得非常强烈。我们在前面第二章第一节"人与自然和谐发展的生态经济思想"中已经详细讨论过中国传统社会的这种强烈要求适度取物、以时取物的可持续发展思想。这里我们主要谈谈有关的生态环境保护法令制度。

在中国的传统社会，为了保护自然以实现可持续发展，还有硬性的法令制度，以国家王法的形式规定国民都必须按照前文所述的哲人、思想家所提倡的方式来合理利用自然资源。中国传统的保护自然的各种法令法规，从其指导哲学和思想理论源泉来看，主要体现的就是前文所分析的几个方面，即生态消费、适度索取、以时禁发等内容。法令条文颁布后，就由相应的政府职能机构去执行，于是便有了专门用于保护自然的政府机构和相应的官职官员。

夏朝的舜设立了世界上最早的专门管理山泽草木鸟兽的环保机构——虞，也是官职的名称。虞，这项官职在以后各朝都沿用了下来，一直到清朝。禹帝颁布了世界上最早的保护资源的条文。《逸周书·大聚篇》说："旦闻禹之禁：春三月山林不登斧，以成草木之长；夏三月川泽不入网罟，以成鱼鳖之长。"[1] 以后的朝代也相继有类似的环保法令出现。西周文王颁布的《伐崇令》规定："毋杀人，毋坏室，毋填井，毋伐树木，毋动六畜；有如不令者，死无赦。"[2] 可以看出，周朝对环境保护是十分严厉的。据《周礼》记载，周代就设立"山虞"掌管森林，"司空"掌管城廓，"职方氏"掌管灭害虫，"土方氏"掌管土地，分工明确，环境保护责任到人。

战国时期的《吕氏春秋》按照一年十二个月详细地论述了保护生态资源的以时禁发制度，规定哪些月份禁止做什么，哪些月份需要做什么。《吕氏春秋》的这种保护生态资源的以时禁发规则详见表5-1。

[1]黄怀信.逸周书校补注译[M].西安：三秦出版社，2006：191.
[2]刘向.说苑选 注释本[M].范能船，选择.福州：福建教育出版社，1986：248-249.

表5-1 《吕氏春秋》的以时禁发生态保护制度

月份	禁止的内容	可以采猎的内容
孟春	命祀山林川泽，牺牲无用牝，禁止伐木；无覆巢，无杀孩虫、胎夭、飞鸟，无麛无卵	
仲春	无竭川泽，无漉陂池，无焚山林；祀不用牺牲，用圭璧，更皮币	
季春	田猎罼弋，罝罘罗网，喂兽之药，无出九门；命野虞无伐桑柘	
孟夏	无起土功，无发大众，无伐大树	
仲夏	令民无刈蓝以染，无烧炭；无用火南方	
季夏	树木方盛，乃命虞人入山行木，无或斩伐	伐蛟取鼍，升龟取鼋，入材苇，收秩刍
孟秋		
仲秋		趣民收敛，多积聚
季秋		田猎；草木黄落，乃伐薪为炭
孟冬		
仲冬		山林薮泽，有能取蔬食田猎禽兽者，野虞教导之；水泉动则伐林木，取竹箭
季冬		命渔师始渔，命四监收秩薪柴，以供寝庙及百祀之薪燎

　　从表5-1可以看出，在野生动植物繁殖和生长发育的春季和初夏，禁止对它们猎取或开采；对野生动植物资源的索取放在夏末和秋冬季进行。这种有节制地利用自然资源，一方面尽可能地满足人们对各种物质的需求，另一方面起到了对自然资源的保护作用。春夏季禁止开采，不

仅保护了野生动植物，让它们能够更多地繁殖后代并生长发育；同时还为秋冬季能够猎取更多的动植物资源奠定了基础。

秦汉也有环保法令。湖北云梦秦简中《田律》规定："春二月，毋敢伐林木山林及雍堤水。不夏月，毋敢夜草为灰……毋……毒鱼鳖，置阱罔，到七月而纵之。"条文中对林木、鸟、兽、鱼等实施了具体的保护措施，对违规处罚作了具体的规定。《汉书·宣帝纪》记载："今春，五色鸟以万数飞过属县，翱翔而舞，欲集未下。其令三辅毋得以春夏摘巢探卵，弹射飞鸟，具为令。"[1] 这是我国最早的保护鸟的法令。汉代对全国的山林陂池也是严格控制与管理，一般禁止砍伐渔采，遇到荒年则予开禁。汉代名著《淮南子》比较详细地论述了适度取物、以时禁发的法令制度。为了实现自然的可持续利用，《淮南子》主张建立保护生态环境的法令制度，"故先王之法，畋不掩群，不取麛夭，不涸泽而渔，不焚林而猎。豺未祭兽，置罦不得布于野；獭未祭鱼，网罟不得入于水；鹰隼未挚，罗网不得张于溪谷；草木未落，斤斧不得入山林；昆虫未蛰，不得以火烧田。孕育不得杀，鷇卵不得探，鱼不长尺不得取，彘不期年不得食。是故草木之发若蒸气，禽兽之归若流泉，飞鸟之归若烟云，有所以致之也"（《淮南子·主术训》）。在我国传统社会里，人们一般认为越是古远的就越是完善和美好的，因此时间上更为古远的先王之法就成了当时的统治者学习和效法的典范。这里，一方面体现了《淮南子》借人们的崇古心理来推行自己的政治主张；另一方面也体现了《淮南子》对先前生态环保思想的继承和发扬。《淮南子》这里主张的生态环保法令，归纳起来主要是通过这几个方面来实现可持续发展的：第一，适度取物。

---

[1] 许嘉璐. 二十四史全译 汉书 [M]. 上海：世纪出版集团，2004：102-103.

适度索取自然资源，使其可被人类持续永久利用是"先王之法"环保思想的一个主要方面。"畋不掩群……不涸泽而渔，不焚林而猎"说的就是这一方面，打猎不准捕尽兽群，不准排干水泽来捕鱼，不准烧毁山林来打猎。这样做的目的就是为了"对自然资源的索取不超过生态环境系统的更新能力"，以便可以永续利用。第二，"以时禁发"思想。要在可再生的动植物资源生长成熟，达到它们的最大值后才予以采取，其他时间都封禁，这样可以增加生态系统供给人类的物质数量。"豺未祭兽，罝罦不得布于野；獭未祭鱼，网罟不得入于水；鹰隼未挚，罗网不得张于溪谷；草木未落，斤斧不得入山林"说的就是这一方面；"昆虫未蛰，不得以火烧田"也是为了保护自然界的各种冬眠生物。第三，不准捕杀怀孕期及幼小的生物。这无疑对于增加生态系统的产能和维护生态平衡都是十分重要的。"不取麛夭……孕育不得杀，鷇卵不得探，鱼不长尺不得取，彘不期年不得食"，说的就是这一方面。由此可见，《淮南子》所主张的生态环保法令是考虑得比较全面，对自然生态环境是能够起到很好的保护作用的，而且也是有利于人们可持续性地获得更多的自然资源的。难怪《淮南子》的作者在叙述完这些后就立刻总结道，"是故草木之发若蒸气，禽兽之归若流泉，飞鸟之归若烟云，有所以致之也"。这个总结是很恰当的，以这种可持续性发展的方式来利用自然资源，是可以实现人与自然间的和谐发展的。

此外，《淮南子·泰族训》还说："原蚕一岁再收，非不利也，然而王法禁之者，为其残桑也。"虽然一年两收的蚕会提高蚕丝的产量，但是会损害桑树，因此是不可取的，这是在保护桑树以便实现桑蚕的可持续性生产。《淮南子·兵略训》也讲："兵至其郊，乃令军师曰：'毋伐树木！'"

即使在战争中也不忘保护树木，由此可见，《淮南子》是非常重视保护生态环境的。

在《时则训》篇，《淮南子》的作者把生态保护思想与每个月的时令结合起来，使其具有可操作性，从而成为了当时社会的法令制度。《时则训》叙述的生态保护制度，具体展现了"以时禁发"、勿伤怀孕期及幼小生物的生态保护思想。有关《时则训》的生态保护制度详如表5-2所示。

表5-2 《淮南子·时则训》的以时禁发生态保护制度

月份	禁止的事情	允许或必做的事情
孟春	禁伐木，毋覆巢、杀胎夭，毋麛，毋卵	牺牲用牡
仲春	毋竭川泽，毋漉陂池，毋焚山林，祭不用牺牲，用圭璧，更皮币	
季春	田猎毕弋，置罘罗网，餧毒之药，毋出九门。乃禁野虞，毋伐桑柘	
孟夏	毋兴土功，毋伐大树	
仲夏	禁民无刈蓝以染，毋烧灰	
季夏	是月也，树木方盛，勿敢斩伐	乃命渔人，伐蛟取鼍，登龟取黿。令泽人，入材苇。命四监大夫，令百县之秩刍以养牺牲
孟秋		
仲秋		趣民收敛畜采，多积聚，劝种宿麦，若或失时，行罪无疑
季秋		田猎；草木黄落，乃伐薪为炭
孟冬		
仲冬		山林薮泽，有能取疏食、田猎禽兽者，野虞教导之。水泉动则伐树木，取竹箭
季冬		命渔师始渔；命四监，收秩薪

由表 5-2 可以清楚地看出，在万物孕育和生长的春夏两季，对于自然界的动植物等可再生资源都是予以封禁的，是"保护和加强生态环境的生产和更新能力"的具体体现。到了秋冬季，等这些动植物资源都发育生长成熟后才取用，这样的"以时禁发"制度相比随时任意采取的制度而言能有效地提高自然资源的获取量，丰富人们的物质财富。

唐宋时期同样有保护生态环境的法令制度。唐太宗提倡节俭朴实，反对奢侈浮华，"太宗方锐意于治……异物、滋味、口马、鹰犬，非有诏不得献"[1]。唐代设立了较完整的环保机构，"掌天下百工、屯田、山泽之政令，其属有四：一曰工部、二曰屯田、三曰虞部、四曰水部"[2]；这四部均与环境保护有关，其中虞部"掌天下虞衡山泽之事，而辨其时禁"[3]；在皇帝的大力提倡和政府机构的直接管辖下，当时的自然资源应该得到了较好的保护。宋代工部下设虞部，官吏有虞部郎中、虞部员外郎、虞部主事，掌山泽苑囿场治之事。宋太祖于建隆二年 (961) 颁布了《禁采捕诏》，用《续资治通鉴》的话说就是"禁民二月至九月无得采捕弹射，著为令[4]"。宋太宗太平兴国三年 (978) 又颁布《二月至九月禁捕诏》："禁民二月至九月，无得捕猎及持杆挟弹，探巢摘卵"，并要求"州县吏严饬里胥伺察擒捕，重治其罪[5]"。另外，宋代还有禁止捕杀犀牛、青蛙诏令，禁止以国家保护动物为菜肴的禁约，禁止以鸟羽、龟甲、兽皮为服饰的禁令，以及保护林木与饮用水源的诏令[6]。

[1]欧阳修,宋祁.新唐书·食货志[M].北京:中华书局,1975:1344.
[2]唐玄宗御制.大唐六典[M].东京:广池学园事业部,1973:156.
[3]魏征.隋书·百官志[M].北京:中华书局,1973:752.
[4]毕沅.续资治通鉴[M].北京:中华书局,1957:28.
[5]宋绶.宋大诏令集[M].北京:中华书局,1962:731.
[6]李丙寅,朱红,杨建军.中国古代环境保护[M].开封:河南大学出版社,2001:141-143.

明朝、清朝均在工部下设虞衡清吏司、都水清吏司和屯田清吏司。《明史·职官志》记载："虞衡典山泽采捕、陶冶之事……冬春之交，罝罛不施川泽；春夏之交，毒药不施原野。苗盛禁蹂躏，谷登禁焚燎。若害兽，听为陷阱获之，赏有差。凡诸陵山麓，不得入斧斤、开窑冶、置墓坟。"[1] 明、清都很重视植树造林，绿化环境。明朝，"太祖初立国即下令，凡民田五亩至十亩者，载桑、麻、木棉各半亩，十亩以上倍之。……不种桑，出绢一匹。不种麻及木棉，出麻布、棉布各一匹"[2]（《明史·食货志》）。明朝还有以种树代替刑罚的法令，永乐十一年 (1413)，"罪犯情结轻者，如无力以炒赎罪者，可发天寿山种树赎罪"[3]。清代皇帝为了推动植树造林，还对地方官绅规定了考核奖罚制度。即文武官员，自通判、守备以上各出己资栽柳树一千株方为称职。河兵每人栽柳百株，若不成活，千把总降职一级，暂留原任，带罪补植，守备罚奉一年，以彰惩戒[4]。

上面就是我国传统社会每个时期生态环境保护法令制度的简单回顾，可见我国的传统社会是一直存在环保的法令制度和相应的政府部门的，它们直接具象化和执行了中国的传统生态环境保护思想，为保护和合理利用生态资源作出了重要贡献，是中华传统生态智慧的一部分。

二、保护生态环境的乡（村）规民约

适度取物、以时禁发的环境保护法令制度由国家政府颁发，自上而下地强制执行，这是我国传统社会保护生态环境的主要方面。而保护生态环境的乡（村）规民约则是由一个村或几个相邻村的村民自发共同商

---

[1] 张廷玉 . 明史·职官志 [M]. 北京：中华书局，1974：1759

[2] 张廷玉 . 明史·食货志 [M]. 北京：中华书局，1974：1894.

[3] 倪根金 . 历代植树奖惩浅说 [J]. 历史大观园，1990(9):36-37.

[4] 倪根金 . 历代植树奖惩浅说 [J]. 历史大观园，1990(9):36-37.

定,是自下而上地制定的具有外在强制约束力的规则条款。这种由乡(村)民自发组织制定的生态环境保护条款,是政府生态环保法令不可或缺的有力补充,与官方法令一起共同保护美丽家园。古代中国是东亚的文明中心,泱泱中华,*地域辽阔,辖内各个不同地区的生态环境情况迥异,而生态环境的保护也需要因地制宜地进行。在国家制定了生态环境保护的大方针之后,各个地方的具体生态环境保护条例就需要当地民众根据自身的生活习惯因地制宜地制定。我国古代的社会管理的模式是"皇权不下县",县以下的具体生态环境保护全靠乡(村)规民约进行。基本上古代社会的每个村都有民众自己议定的保护生态环境的村规民约,有的约定俗成,有的写在文书里,而有的还会立碑,把保护环境的条文刻在石碑上,以示重要。下面我们来看几例保护生态环境的古代乡(村)规民约。

案例1:

福建省长泰区岩溪镇甘寨村有一块立于清朝乾隆八年(1743)的护林碑禁,上面刻着清朝时甘寨村村民们的公约:

会众演戏,永远公禁:

一、不许放火焚山;

二、不许盗砍杂木;

三、不许寨山挑土并割茅草;

四、不许盗买杂木。

如违者罚戏一台,强违者绝子害孙。[1]

---

[1] 中共福建省委宣传部.福建乡规民约[M].福州:海峡出版发行集团,2016:157.

　　这是清代甘寨村村民为保护草木所立一则民约，规定了禁止事项和违者的处罚措施，目的是保护生态环境。

　　案例 2：

　　福建浦城县濠村乡后濠村有一块立于明朝崇祯元年（1628）的保护生态环境的封山护林碑，刻着明朝时后濠村村民们的公约：

　　合众人等买到水口山片土，名黄源岭头。禁约：人等不许蓦入登山偷盗柴木取石破害水口。若有捉拿看见，重罚出好银一两。合乡散众，如有顽者，经官告理，决无虚言。书为树木水口石泥庇荫一乡风水，人财两旺，永远昌隆。[1]

　　这是明代后濠村村民为了保护村里的水源地而封禁山林所立的公约，黄源岭头的生态环境一点都不许动，山上的草木、土地等一律封禁，为了就是能有干净的好水源。生态环境好，人们的生活才会好，也就是"人财两旺，永远昌隆"。

　　案例 3：

　　云南省普洱市勐先镇东洒村现存有一块立于清朝乾隆六十年（1795）的《为公禁护林碑》，刻着清朝时东洒村村民的"村规民约"：

　　为公禁：

　　菁养树木，以厚水源，雍荫田亩事：凡东洒人户，公同约禁，

---

[1] 中共福建省委宣传部.福建乡规民约[M].福州：海峡出版发行集团,2016:339.

各宜遵守，毋许越界砍伐树木，若有违禁不遵者，罚银三两，

祭神公费。

箐中育林，前至秧田，后至山梁上；

箐右育林，前至神庙，后至山岗上；

箐左育林，齐界石内止。[1]

这是清代东洒村村民为了保护山林、涵养水源而立定的村规，所有该村村民都要遵守，不能在水源涵养地砍伐树木，如有违者就予以处罚。处罚措施写得明确：罚银三两，充公祭神用。水源涵养地的地界也明确划定。从这个村规简单的几句话可以看出，当时的先民对人与生态环境关系的认识已经很深刻：山中植被繁茂，才能涵养水源，而有了绿水青山，人们才能种好田地过上好日子。即碑文所说"箐养树木，以厚水源，雍荫田亩事"。

总之，在中国传统社会乡（村）规民约在对生态环境的保护中发挥了重要的作用，它是传统时期国家政府生态环保法令制度的重要补充。乡规民约与政府的法令制度一起构成了捍卫中国传统社会生态环境的外部强制性力量，共同守卫了中国几千年传统时期的生态环境。

[1]李善寿，李荣高．云南林业文化碑刻 [M]．潞西：德宏民族出版社，2005: 198-199.

后 记

本书的出版得到了青海人民出版社的赏识和支持，特表感谢。

在本书的策划、构思、编辑出版等过程中，与青海人民出版社的李兵兵副编审进行了深入的探讨、交流，感谢李兵兵副编审的支持与帮助。

本书是国家社会科学基金重点项目"新中国成立以来生态环境治理思想演进逻辑研究"（22AKS017）的阶段性成果。

感谢广西师范大学马克思主义学院提供的研究和学习平台。

感谢广西师范大学珠江－西江经济带发展研究院的支持与帮助。

感谢厦门大学郭金彬教授，感谢广西师范大学林春逸教授，感谢广西师范大学王任翔教授，他们的学问令我高山仰止，一生学习。

感谢我的同门、同学和同事，他们对本书的出版有各方面不同的支持和帮助。

最后，还要感谢家人的支持和帮助。

罗顺元

2023 年 2 月于桂林